W0259161

Hans Riedwyl

Lineare Regression und Verwandtes

Beispiele mit Lösungsvorschlägen

unter Mitarbeit von Mathias Ambühl

Springer Basel AG

Autor:
Prof. Dr. Hans Riedwyl
Institut für Mathematische Statistik
Universität Bern
Sidlerstrasse 5
3012 Bern
Schweiz

Umschlagabbildung:
Das erste publizierte Punktediagramm zu einem Regressionsbeispiel hat J.H. Lambert in seinem Buch „Beiträge zum Gebrauche der Mathematik und deren Anwendungen" im Verlag des Buchladens der Realschule, Berlin im Jahre 1765 veröffentlicht.

Die Deutsche Bibliothek – CIP Einheitsaufnahme

Riedwyl, Hans:
Lineare Regression und Verwandtes : Beispiele mit Lösungsvorschlägen / Hans Riedwyl. Unter Mitarb. von Mathias Ambühl. - Basel ; Boston ; Berlin : Birkhäuser, 1997
ISBN 978-3-7643-5495-4 ISBN 978-3-0348-8897-4 (eBook)
DOI 10.1007/978-3-0348-8897-4

Originally published by Birkhäuser Verlag in 1997

Umschlaggestaltung: Micha Lotrovsky, Therwil
Gedruckt auf säurefreiem Papier, hergestellt aus chlorfrei gebleichtem Zellstoff. TCF ∞

ISBN 978-3-7643-5495-4

9 8 7 6 5 4 3 2 1

Inhaltsverzeichnis

Erster Teil: Daten und Fragestellungen

Zweiter Teil: Lösungsvorschläge

Vorwort

Mit dieser Sammlung von Beispielen möchten wir Studierenden aller Fachrichtungen Gelegenheit geben zur selbstständigen Erarbeitung einfacher, aber häufiger Fragestellungen aus der Regressionsanalyse. Als Voraussetzung genügt eine einsemestrige Einführungsvorlesung in angewandter Statistik, in der auf dieses Gebiet eingegangen wird, vollauf. Im ersten Teil werden die Daten unter Angabe der Quelle und einer kurzen Formulierung des Problems präsentiert. Im zweiten Teil geben wir einen Lösungsvorschlag für die Beispiele. Der Leser hat dadurch die Möglichkeit, unabhängig von den Lösungen sich die Daten anzusehen und eventuell die Fragestellung zu erweitern oder abzuändern. Die Beispiele sind nicht auf eine bestimmte Fachrichtung ausgerichtet. Vielmehr sollten die Daten rasch in ihrem Kontext verstanden werden. Die Beispiele sind den Bereichen Sport, Zahlenlotto, Biologie u.a. entnommen. Das älteste Beispiel stammt von Lambert. Es ist 1765 in seinen *Beiträgen zum Gebrauche der Mathematik und deren Anwendungen* veröffentlicht worden und zeigt, wie diese Probleme noch vor Einführung der Methode der kleinsten Quadrate ausgewertet wurden.

Unsere Lösungsvorschläge basieren auf Kleinstquadrate-Schätzern. Diese Resultate kann man selber mit robusten oder nichtparametrischen Schätzern vergleichen. Unsere Lösungen sind also nur klassische Vorschläge und können durchaus von Ihren Resultaten abweichen. Geben Sie ein Zahlenmaterial drei versierten Statistikern, dann haben Sie meistens auch drei alternative Lösungen. Die Beispiele möchten Ihnen auch aufzeigen, wie wichtig Transformationen in der Praxis sind und dass die im mathematischen Modell enthaltenen Voraussetzungen nie ganz erfüllt sind. Für die Lösung können Sie verschiedene Rechenhilfen, PC's und Software einsetzen. Die Beispiele lassen sich bereits mit einfachen Tabellenkalkulationsprogrammen, wie Excel, auswerten.

Neben der linearen Regressionsgeraden und dem Mittelwertsvergleich (ANOVA oder t-Test) kann auch die Handhabung von weitergehenden Problemstellungen wie jene der Parallelität oder des Abstandes zweier Regressionsgeraden, Polynomanpassung, Regressionsebene, mehrfach lineare Regression, Diskriminanz- und Faktorenanalyse geübt werden.

Die Beispiele sind bewusst nicht nach Themen oder Methoden geordnet. Auf eine Formelsammlung wurde ausdrücklich verzichtet, denn fast jeder Autor hat seine eigenen Bezeichnungen und wir möchten nicht noch weitere hinzufügen.

Unser Anliegen ist es, Sie auf Fragestellungen und Ihre Umsetzung einzustimmen. Mit den heutigen Rechenhilfen können alle Beispiele in verhältnismässig kurzer Zeit im Selbstunterricht oder im Rahmen einer Vorlesung analysiert und interpretiert werden. Die Daten zu den Beispielen sind im Internet unter der Adresse `http://www.access.ch/consult` auf der Seite `regression-data` abrufbar. Die e-Mail-Adresse lautet `consultag@access.ch`.

Die Aufzählung der Namen von Studenten, Assistenten und Kollegen, die mich bei der Sammlung und Aufarbeitung der Daten unterstützt haben, wäre nach all den Jahren unvollständig, doch allen gebührt mein besonderer Dank. Ohne ihre Mithilfe wäre dieses Büchlein nicht entstanden. Ganz besonders danken möchte ich Mathias Ambühl, der alle Beispiele nochmals durchrechnete und in eine einheitliche Form brachte.

Sollten Sie selber ähnliche Beispiele gesammelt haben, dann wäre ich Ihnen für eine Zusendung sehr dankbar. Gute Beispiele könnten unter Umständen in einer künftigen Neuauflage übernommen werden.

Bern, 1996 Hans Riedwyl

Erster Teil:

Daten und Fragestellungen

1 Körpergrösse und Gewicht von Frauen und Männern

Quelle

H. Riedwyl, Angewandte Statistik, Verlag P. Haupt, Bern, 1992.

Fragestellung

Von 60 Frauen und 77 Männern wurden die Messwerte Grösse und Gewicht ermittelt. Es stellt sich die Frage, ob Frauen und Männer bei gleicher Körpergrösse dasselbe Gewicht aufweisen oder ob bei einer Gruppe das Gewicht signifikant höher ist.

Daten

Männer:

Grösse	Gewicht	Grösse	Gewicht	Grösse	Gewicht
172	56	181	61.3	168	71.5
174	58.7	178	63	189	77.9
180	64.6	176	80.1	172	70.7
182	75.7	181	77.2	174	60
180	80	178	71	181	63.5
173	77	183	74	176	74.2
171	63	182	68	179	68.5
190	93.1	176	62	187	71.2
179	64.5	180	62	186	80
181	73.3	173	64	180	73.2
180	67.2	186	77.7	174	70.5
180	74.2	178	72.7	173	60.2
181	65	182	69	171	66.2
186	77.5	185	82.7	178	59
179	83	183	88	187	75
181	75	179	65	188	80
174	69.5	176	64.1	180	74.1
169	59	182	69	182	65.5
178	72	179	68.5	183	75
175	64	173	64.8	177	71.3
182	74.6	181	73	174	70.6
180	65	183	69.9	180	71.2
181	68	178	70.1	178	69.7
173	81.3	180	70.5	182	68
175	83	170	69	174	67.8
179	72	186	74.5		

Frauen:

Grösse	Gewicht	Grösse	Gewicht	Grösse	Gewicht
172	70.9	177	68	168	68
167	57	159	48	161	55
169	65	166	52	161	63.5
161	47	168	53	165	47
158	55	161	52	159	50
167	58	166	49.5	170	65
165	63	170	53	153	58
161	50	165	56	163	45.5
160	53	168	68.2	162	60.1
166	52.5	161	57	160	49.5
154	47.5	169	59.4	164	62.5
160	62	177	67	160	76
159	48	164	59	164	68
173	68	162	54	161	58
172	58.2	168	56	166	60
157	53.1	168	50	164	62
160	57	166	67.5	159	52
181	69.8	173	84.8	167	79
161	51.5	161	47	163	60.7
156	51.6	174	69	163	49.8

2 Höhenmessungen aus dem Siedepunkt von Wasser

Quelle

Weisberg, S. Applied Linear Regression. Wiley, New York, 1980

Daten

Um 1850 wusste man, dass es einen relativ direkten Zusammenhang zwischen atmosphärischem Druck und Höhe über Meer gibt. Damit könnte man aus der Kenntnis des Druckes an einem bestimmten Ort dessen Höhe über Meer schätzen. Da es aber ziemlich problematisch war, die empfindlichen Barometer zu transportieren, suchte man nach einem Zusammenhang zwischen Luftdruck und einer einfach messbaren Grösse. Dieser wurde zwischen Luftdruck und dem Siedepunkt von Wasser vermutet.
Unabhängige Untersuchungen von James D. Forbes in Schottland und in den Alpen (Messungen an 17 verschiedenen Orten), sowie von Joseph Hooker im Himalaya (an 31 Orten) ergaben die untenstehenden Resultate. Der gemessene Luftdruck wurde jeweils gemäss der herrschenden Lufttemperatur im Vergleich zu einer Standardtemperatur korrigiert.

Forbes:

Ort	Siedepkt °C	Druck mmHg	Ort	Siedepkt °C	Druck mmHg
1	90.3	528.07	10	94.1	609.85
2	90.2	528.07	11	95.3	638.56
3	92.2	568.96	12	95.9	674.88
4	92.4	575.82	13	98.6	723.65
5	93.0	588.01	14	98.1	705.10
6	93.3	593.09	15	99.3	737.62
7	93.8	606.81	16	99.9	758.95
8	93.9	609.35	17	100.1	763.52
9	94.1	610.11			

Hooker:

Ort	Siedepkt °C	Druck mmHg	Ort	Siedepkt °C	Druck mmHg
1	99.3	741.96	17	87.5	479.27
2	99.0	725.32	18	87.1	466.24
3	98.0	710.49	19	86.9	470.08
4	94.7	627.30	20	85.4	438.58
5	93.7	602.64	21	85.6	437.41
6	93.4	593.57	22	85.3	433.37
7	93.1	584.96	23	84.5	430.76
8	91.7	556.06	24	84.8	428.78
9	91.3	556.97	25	84.5	427.15
10	91.3	550.01	26	84.0	416.18
11	90.9	548.77	27	83.6	412.37
12	89.7	520.19	28	83.3	409.09
13	89.8	513.38	29	83.3	404.57
14	88.6	501.85	30	82.8	404.34
15	88.4	495.05	31	82.6	390.55
16	88.1	492.40			

Fragestellung

1. Man untersuche den Zusammenhang zwischen Siedepunkt und Druck anhand von jedem Datensatz separat.

2. Unterscheiden sich die Resultate von Forbes und Hooker?

3 Länge von Kuckuckseiern

Quelle

H. Riedwyl, Angewandte Statistik, Verlag P. Haupt, Bern, 1992; Latter, O.H., The Egg of Cuculus Canorus. Biometrika 1 (1902).

Daten

Es ist bekannt, dass der Kuckuck seine Eier in fremde Nester zu legen pflegt. Nun wurde die Länge von Kuckuckseiern gemessen, die man in Nestern der Vogelarten Braune Grasmücke, Rotkehlchen und Zaunkönig gefunden hatte. Man ist an der Frage interessiert, ob die Mittelwerte der Kuckuckseier in den verschiedenen Nestern voneinander abweichen.

Br. Grasmücke	Rotkehlchen	Zaunkönig
22.0	21.8	19.8
23.9	23.0	22.1
20.9	23.3	21.5
23.8	22.4	20.9
25.0	22.4	22.0
24.0	23.0	21.0
21.7	23.0	22.3
23.8	23.0	21.0
22.8	23.9	20.3
23.1	22.3	20.9
23.1	22.0	22.0
23.5	22.6	20.0
23.0	22.0	20.8
23.0	22.1	21.2
	21.1	21.0
	23.0	

4 Anhalteweg bei verschiedenen Geschwindigkeiten

Quelle

H. Riedwyl, Regressionsgerade und Verwandtes, Verlag P. Haupt, Bern, 1980 (vergriffen).

Problemstellung

Bei einer Untersuchung des Strassenverkehrs wurde die Anhaltestrecke von Autos in Abhängigkeit von der Geschwindigkeit gemessen. Die Messwerte sind aus dem englischen Massystem umgerechnet. Aus diesen Daten soll ein lineares Regressionsmodell konstruiert werden.

Daten

v	a	v	a	v	a	v	a	v	a
6.4	0.6	17.7	8.5	22.5	11.0	27.4	15.2	32.2	15.8
6.4	3.0	19.3	4.3	22.5	18.3	29.0	12.8	32.2	17.1
11.3	1.2	19.3	6.1	22.5	24.4	29.0	17.1	32.2	19.5
11.3	6.7	19.3	7.3	24.1	6.1	29.0	23.2	35.4	20.1
12.9	4.9	19.3	8.5	24.1	7.9	29.0	25.6	37.0	16.5
14.5	3.0	20.9	7.9	24.1	16.5	30.6	11.0	38.6	21.3
16.1	5.5	20.9	10.4	25.7	9.8	30.6	14.0	38.6	28.0
16.1	7.9	20.9	10.4	25.7	12.2	30.6	20.7	38.6	28.3
16.1	10.4	20.9	14.0	27.4	9.8	32.2	9.8	38.6	36.6
17.7	5.2	22.5	7.9	27.4	12.2	32.2	14.6	40.2	25.9

Legende: $v =$ Geschwindigkeit in Kilometer pro Stunde
$a =$ Anhalteweg in Meter

5 Körper- und Herzmasse von Katzen

Quelle

C. I. Bliss, Statistics in Biology, Volume I, McGraw–Hill, 1967.

Daten

In untenstehender Tabelle sind die Körpermasse (in kg) und die Herzmasse (in gr) von 149 Katern aufgeführt.

K.masse	Herzmasse												
1.7	6.5	7.0											
1.8	5.8	7.3	6.1	7.1	7.7	7.4							
1.9	8.1	9.1	8.0	7.2	7.3	8.0							
2.0	6.5	6.5	6.7	7.5	7.8	8.1	8.6	7.7					
2.1	10.1	7.0	7.2	8.1	8.3								
2.2	7.2	7.6	10.7	9.6	9.1	7.9	8.5	9.6	8.9				
2.3	9.6	9.6	8.5	8.8	8.2	9.2	8.7	8.9					
2.4	9.3	9.1	7.3	7.9	7.9	9.6	9.1	9.0	10.8	9.6			
2.5	8.8	12.7	8.6	12.7	9.3	7.9	11.0	8.8	9.3	8.2	8.7	10.4	9.6
2.6	10.5	8.3	9.4	7.7	11.5	9.4	13.6	10.1	10.9	9.6	9.9		
2.7	12.0	10.4	8.0	9.6	9.6	9.8	12.5	9.0	11.1	10.5	11.6	11.9	
2.8	10.0	12.0	13.5	13.3	9.1	10.2	11.4	10.1	10.9				
2.9	9.4	11.3	10.1	10.6	11.8								
3.0	13.3	10.0	13.8	10.6	12.4	12.7	10.4	11.6	12.2				
3.1	9.9	12.1	14.3	12.5	11.5	13.0							
3.2	11.6	13.6	12.3	13.0	13.5	11.9							
3.3	11.5	14.9	14.1	15.4	12.0								
3.4	14.4	12.2	12.8	11.2	12.4								
3.5	15.6	11.7	15.7	12.9	17.2								
3.6	14.8	13.3	15.0	11.8									
3.7	11.0												
3.8	14.8	16.8											
3.9	14.4	20.5											

Fragestellung

Gesucht ist eine Funktion, die die Abhängigkeit der Herzmasse von der Körpermasse ausdrückt.

6 Olympische 1500m-Rennen der Männer

Quelle

Die Chronik des Sports, Chronik Verlag Harenberg, Dortmund, 1990.

Problemstellung

Untenstehende Tabelle gibt die Siegerzeiten der olympischen 1500m-Lauffinals der Männer seit 1900 in Sekunden an. Es soll versucht werden, die Entwicklung der Laufzeit mit Mitteln der Regressionsanalyse zu erfassen und einen allfälligen Trend herauszulesen.

Daten

Jahr	Laufzeit	Jahr	Laufzeit	Jahr	Laufzeit
1900	246	1932	231	1968	215
1904	245	1936	228	1972	216
1908	243	1948	230	1976	219
1912	237	1952	225	1980	218
1920	242	1956	221	1984	212
1924	234	1960	216	1988	215
1928	233	1964	218	1992	220

7 Messung der Stärke sowjetischer Atomtests

Quelle

L.C. Hamilton, Regression with Graphics; Wadsworth, Belmont CA, 1992.

Problemstellung

Mit der allmählichen Entspannung des Kalten Krieges veröffentlichten sowjetische Wissenschafter 1989 erstmals Angaben über atomare Waffentests in Zentralasien zwischen 1961 und 1972. Westliche Seismologen hatten zuvor die Heftigkeit der Explosionen anhand der hervorgerufenen Erderschütterungen geschätzt.

Wir betrachten die gemessene Stärke der Erderschütterungen sowie die in sowjetischen Quellen angegebene Heftigkeit der Explosionen (freiwerdende Energie in Kilotonnen) von 19 Atomtests. Gemäss physikalischen Gesetzen sollte sich die Stärke der Erschütterungen proportional verhalten zum Logarithmus der Menge freigesetzter Energie. Es soll nun überprüft werden, wie genau die vorliegenden Daten dieser Regelmässigkeit genügen. Was kann zudem über allfällige Störfaktoren oder Ungenauigkeiten bei der Messung gesagt werden?

Daten

Datum des Tests	Gemessene Stärke der Erderschütterung	Freigesetzte Energie in Kilotonnen
21. Nov. 1965	5.6	29
13. Feb. 1966	6.1	125
20. März 1966	6.0	100
7. Mai 1966	4.8	4
22. Sept. 1967	5.2	10
29. Sept. 1968	5.8	60
23. Juli 1969	5.4	10
30. Nov. 1969	6.0	125
28. Dez. 1969	5.7	40
25. Apr. 1971	5.9	90
6. Juni 1971	5.5	16
9. Okt. 1971	5.3	12
21. Okt. 1971	5.5	23
10. Feb. 1972	5.4	16
28. März 1972	5.1	6
16. Aug 1972	5.0	8
2. Sept. 1972	4.9	2
2. Nov. 1972	6.1	165
10. Dez. 1972	6.0	140

8 Wunschalter des Partners in Kontaktinseraten

Quelle

H. Riedwyl, Regressionsgerade und Verwandtes, Verlag P. Haupt, 1980, Bern (vergriffen).

Daten

> *"Ein Jüngling im Alter von 25 Jahren, der ein nachweisbar rentables Geschäft betreibt, sucht aus Mangel an passender Bekanntschaft auf diesem Weg eine Lebensgefährtin. Anständig gebildete Frauenzimmer im Alter von 20–25 Jahren von angenehmem Äusseren, in gutem Rufe stehend, die auch ein Vermögen von wenigstens..."*

Dieser Ausschnitt stammt aus einem vor über 100 Jahren erschienenen Heiratsinserat. Heute findet man bekanntlich in zahlreichen Zeitschriften seitenweise Kontaktinserate, wo immer wieder bestimmte Wünsche im Bezug auf Charakter, Bildung oder Interessen der gesuchten Person angeführt werden. Häufig sind auch Angaben über das gewünschte Alter des oder der Zukünftigen.

x	y	x	y	x	y	x	y
20.5	26	26.5	28.5	31.5	34	40.5	45
21.5	32.5	26.5	28	31.5	37.5	41.5	47
22.5	27.5	26.5	33.5	31.5	35	41.5	40
22.5	27.5	27.5	31.5	32.5	32.5	42.5	46.5
22.5	28.5	27.5	32.5	32.5	35	42.5	42
22.5	24.5	27.5	31.5	32.5	34	42.5	50
22.5	26	27.5	32.5	32.5	35	43.5	52.5
22.5	26	27.5	32.5	34.5	37.5	43.5	52.5
22.5	30	28.5	32.5	34.5	40	43.5	44.5
23.5	27	28.5	28.5	35.5	37.5	43.5	45
23.5	26.5	28.5	30.5	36.5	41	45.5	57.5
23.5	26	28.5	32.5	36.5	45	45.5	47.5
23.5	30	28.5	34	36.5	40	45.5	47.5
23.5	27.5	28.5	34	36.5	39	46.5	50
23.5	29	29.5	32.5	36.5	42.5	47.5	52.5
24.5	27.5	29.5	35	37.5	42.5	47.5	48.5
24.5	27.5	29.5	32.5	38.5	50	48.5	50
24.5	29.5	30.5	37.5	38.5	41.5	50.5	60
25.5	30.5	30.5	37	38.5	41.5	50.5	55
25.5	33	30.5	42.5	38.5	40	51.5	55
25.5	27.5	30.5	34	39.5	44	55.5	60.5
25.5	31.5	30.5	32.5	39.5	41	60.5	63
25.5	36	30.5	32	40.5	44	62.5	62.5
26.5	32.5	31.5	31				

Unter der Annahme, dass der Verfasser des zitierten Inserates den 25. Geburtstag bereits hinter sich habe, würden wir sein Alter mit 25.5, dem Mittelwert seiner Altersklasse, festhalten. Das gewünschte Alter seiner Partnerin würden wir ferner etwa gleich dem arithmetischen Mittel der angegebenen Grenzen, also 22.5, setzen.
Da wir davon ausgehen, dass das Wunschverhalten für Frauen und Männer nicht übereinstimmt, werden wir nur Inserate von Inserentinnen berücksichtigen. Die Tabelle gibt für 94 Inserentinnen das eigene Alter x und das bevorzugte Alter y des Gesuchten an.

Fragestellung

1. Wie lässt sich das Wunschalter in Abhängigkeit des Alters der Inserentin ausdrücken?

2. Die folgende Tabelle wurde dem Statistischen Jahrbuch der Schweiz 1966 entnommen und gibt die Anzahl der Eheschliessungen in der Schweiz für gewisse Altersgruppen von Männern und Frauen an. Es soll versucht werden, anhand dieser Daten zu überprüfen, ob das von den Inserentinnen

gewünschte Alter des Partners etwa dem mittleren Alter des Ehegatten bei der Hochzeit entspricht. Anders ausgedrückt heisst das: heiratet eine x–jährige Frau "im Durchschnitt" (was auch immer das heissen mag) einen Mann in demjenigen Alter, welches die x–jährigen Inserentinnen bevorzugen würden ?

Alter d. M.	Alter der Frau									
	bis 19	20-24	25-29	30-34	35-39	40-44	45-49	50-54	55-59	über 60
bis 19	316	235	18	4	0	0	0	0	0	0
20-24	2342	11509	1954	248	57	15	2	1	1	0
25-29	1123	8666	4120	870	210	73	12	5	0	0
30-34	214	2210	1772	867	315	99	26	7	1	1
35-39	49	539	658	586	328	122	37	24	6	0
40-44	13	186	284	302	336	206	87	32	11	6
45-49	9	46	99	139	200	188	138	61	14	6
50-54	1	29	41	58	90	158	137	137	52	14
55-59	1	2	11	32	64	103	133	130	115	35
über 60	0	8	19	13	33	54	90	155	200	262
Total	4968	23430	8976	3119	1633	1018	662	552	400	324

9 Körper- und Lebermasse von Mäusen

Quelle

H. Grimm und R.–D. Recknagel, Grundkurs Biostatistik, VEB Gustav Fischer Verlag Jena, 1985.

Daten

In untenstehender Tabelle sind die Körpermasse (in Gramm) und die Lebermasse (in Gramm) von 25 Mäusen des Stammes AB (Jena) aufgeführt.

Körpermasse	28.5	27.5	24.5	21.5	29.0	26.5	21.0	24.0	22.0	22.0
Lebermasse	1.36	1.58	1.42	1.23	1.67	1.44	0.92	1.30	0.91	0.98
Körpermasse	24.0	22.0	23.0	23.0	22.0	27.0	29.5	24.0	23.0	26.0
Lebermasse	1.29	0.97	1.25	1.13	1.18	1.38	1.68	1.08	1.03	1.17
Körpermasse	27.0	22.5	23.5	25.0	25.0					
Lebermasse	1.10	1.19	1.28	1.11	1.09					

Fragestellung

Mögliche Fragestellungen sind z. B.:

1. Gesucht ist eine Funktion, die die Abhängigkeit der Lebermasse von der Körpermasse ausdrückt.
2. Es interessiert der prozentuale Anteil der Lebermasse an der gesamten Körpermasse.
3. Wie verhält sich das Wachstum der Leber gegenüber dem Wachstum des übrigen Organismus (Allometrie)?

10 Mittleres Einkommen von Aerzten in zwei Steuerperioden

Daten

Mittleres Einkommen von Aerzten in zwei aufeinanderfolgenden Steuerperioden I und II (in 1000 Währungseinheiten) in einem Schweizer Kanton.

I	II	I	II	I	II	I	II	I	II
6.8	15.1	63.0	84.9	104.1	134.2	131.5	139.7	191.8	235.6
8.2	5.5	63.0	64.4	104.1	147.9	137.0	104.1	194.5	241.1
19.2	23.3	64.4	68.5	106.8	104.1	137.0	147.9	194.5	221.9
27.4	17.8	76.7	84.9	106.8	106.8	137.0	178.1	200.0	213.7
31.5	37.0	78.1	93.2	109.6	109.6	137.0	197.3	205.5	178.1
43.8	27.4	82.2	109.6	112.3	131.5	142.5	147.9	211.0	241.1
46.6	34.2	82.2	134.2	113.7	142.5	142.5	172.6	211.0	284.9
52.1	49.3	90.4	91.8	115.1	87.7	153.4	186.3	216.4	309.6
52.1	57.5	90.4	98.6	115.1	120.5	160.3	161.6	230.1	232.9
53.4	45.2	91.8	117.8	119.2	119.2	160.3	189.0	230.1	358.9
53.6	54.8	93.2	109.6	119.2	137.0	161.6	153.4	235.6	254.8
53.6	57.5	94.5	94.5	120.5	137.0	161.6	213.7	265.8	293.2
53.6	60.3	98.6	89.0	121.9	134.2	161.6	219.2	265.8	211.0
54.8	54.8	98.6	120.5	126.0	131.5	164.4	213.7	268.5	290.4
54.8	65.8	104.1	79.5	127.4	134.2	167.1	197.3	301.4	356.2
57.5	60.3	104.1	104.1	127.4	147.9	172.6	224.7	306.8	345.2
58.9	76.7	104.1	109.6	127.4	150.7	180.8	213.7	323.3	276.7
60.3	79.5	104.1	123.3	128.8	158.9	182.2	216.4	328.8	328.8

Fragestellung

Was kann über die Entwicklung der mittleren Einkommen von Aerzten in den zwei Steuerperioden I und II ausgesagt werden?

11 Erkennungsdistanz von Piloten bei verschiedenen Sichtweiten

Quelle

H. Riedwyl, Angewandte Statistik, Verlag P. Haupt, Bern, 1992, S. 168

Daten

An zehn verschiedenen Tagen wurden Flugeinsätze aus derselben Richtung gegen ein festes Ziel geflogen. An einem Flugtag flog der Pilot das Ziel mehrmals an. Je nach Flugtag wechselten die Bedingungen: die Piloten, die Sichtverhältnisse, die Schneebedeckung des Bodens, etc. Bei jedem Anflug wurde gemessen, aus welcher Entfernung der Pilot das Zielgebiet erkannte. Zusätzlich wurde an jedem Tag die Sichtweite geschätzt.

Tag	Sicht-weite	Erkennungs-distanz	Tag	Sicht-weite	Erk.-distanz	Tag	Sicht-weite	Erk.-distanz
1	20 km	3920 m	4	60 km	7700 m	7	40 km	6150 m
		3980 m			6600 m			5350 m
		3940 m			7000 m			6100 m
		3810 m			8050 m			6000 m
		5030 m			8380 m			
		5000 m			8050 m	8	50 km	7400 m
		4720 m						7380 m
		4720 m						7940 m
			5	25 km	5220 m			7020 m
2	30km	6300 m			5170 m			
		5800 m			5300 m	9	20 km	6100 m
		6000 m			6590 m			6100 m
		5230 m						6180 m
		5780 m						
		5430 m	6	12 km	4910 m	10	50 km	6460 m
					3410 m			6300 m
3	40 km	6350 m			5030 m			5200 m
		6470 m						5500 m
		7100 m						

Fragestellung

Folgende Fragen sollen untersucht werden:

- War die Erkennungsdistanz vom Flugtag abhängig ?
- Hat die Sichtweite einen Einfluss auf die Erkennungsdistanz ?
- Ist dieser Zusammenhang linear ?

12 Körper- und Hirnmasse von Säugetieren

Quelle

Sanford Weisberg, Applied Linear Regression, Wiley, New York, 1985.

Problemstellung

Die folgende Tabelle gibt für eine Auswahl von Säugetieren (hier mit ihren englischen Namen bezeichnet) das durchschnittliche Körpergewicht in kg und Hirngewicht in g an. Es soll versucht werden, die Abhängigkeit der beiden Grössen möglichst passend zu beschreiben.

Daten

Tier	Körp.gew.	Hirngew.	Tier	Körp.gew.	Hirngew.
Arctic fox	3.385	44.500	Man	62.000	1320.000
Owl monkey	0.480	15.500	African elephant	6654.000	5712.000
Mountain beaver	1.350	8.100	Water opossum	3.500	3.900
Cow	465.000	423.000	Rhesus monkey	6.800	179.000
Gray wolf	36.330	119.500	Kangaroo	35.000	56.000
Goat	27.660	115.000	Yellow-bellied marmot	4.050	17.000
Roe deer	14.830	98.200	Golder hamster	0.120	1.000
Guinea pig	1.040	5.500	Mouse	0.023	0.400
Vervet	4.190	58.000	Little brown bat	0.010	0.250
Chinchilla	0.425	6.400	Slow loris	1.400	12.500
Ground squirrel	0.101	4.000	Okapi	250.000	490.000
Arctic ground squirrel	0.920	5.700	Rabbit	2.500	12.100
African giant pouched rat	1.000	6.600	Sheep	55.500	175.000
Lesser short-tailed shrew	0.005	0.140	Jaguar	100.000	157.000
Star nosed mole	0.060	1.000	Chimpanzee	52.160	440.000
Nine-banded armadillo	3.500	10.800	Baboon	10.550	179.500
Tree hyrax	2.000	12.300	Desert hedgehog	0.500	2.400
North Americam opossum	1.700	6.300	Giant armadillo	60.000	81.000
Asian elephant	2547.000	4603.000	Rock hyrax(b)	3.600	21.000
Big brown bat	0.023	0.300	Raccoon	4.288	39.200
Donkey	187.100	419.000	Rat	0.280	1.900
Horse	521.000	655.000	Eastern American mole	0.075	1.200
European hedgehog	0.785	3.500	Mole rat	0.122	3.000
Patas monkey	10.000	115.000	Musk shrew	0.048	0.330
Cat	3.300	25.600	Pig	192.000	180.000
Galago	0.200	5.000	Echinda	3.000	25.000
Genet	1.410	17.500	Brazilian tapir	160.000	169.000
Giraffe	529.000	680.000	Tenrec	0.900	2.600
Gorilla	207.000	406.000	Phalanger	1.620	11.400
Gray seel	85.000	325.000	Tree shrew	0.104	2.500
Rock hyrax(a)	0.750	12.300	Red fox	4.235	50.400

13 Volumen von Hühnereiern

Quelle

A. P. Dempster: Elements of continuous multivariate Analysis, Addison-Wesley, Reading, Massachusetts, 1969, p.151.

Problemstellung

Die exakte Formel für das Volumen eines Rotationsellipsoids lautet $V = \frac{\pi}{6} \cdot l \cdot d^2$, wo l die Länge und d den Durchmesser des Ellipsoids bezeichnet.
Von einem Dutzend Hühnereiern wurden mit recht primitiven Methoden die Länge, der Durchmesser sowie das Volumen gemessen. Anhand dieser Zahlen soll abgeklärt werden, ob sich die erwähnte Formel für die Schätzung des Volumens von Hühnereiern eignet.

Daten

l	d	V	l	d	V	l	d	V
5.83	4.32	56.24	6.11	4.21	56.24	6.15	4.09	51.76
5.44	4.17	50.23	5.67	4.13	47.32	5.83	4.05	51.76
5.52	4.25	51.76	5.95	4.13	53.21	5.87	4.13	51.76
5.75	4.25	54.70	5.91	4.21	51.76	5.60	4.21	53.21

(Daten in cm resp. cm^2)

14 Olympische Rekorde im Freistilschwimmen

Daten

Die olympischen Rekorde im Freistilschwimmen für Herren und Damen (Stand 1984)

Distanz in m	*Zeit in sec.* *Männer*	*Frauen*	*Quotient*
100	49.99	54.70	1.10
200	109.81	118.33	1.08
400	231.31	248.76	1.08

Fragestellung

Was kann über die Zeiten der Frauen im Vergleich zu den Zeiten der Männer ausgesagt werden ?

15 Schätzung der Gesamtgewinnsumme im 1. Rang

Daten

Interessiert die Schätzung der auszuschüttenden Gewinnsumme einer Ziehung, so bietet sich folgende Möglichkeit an: Von der Nettogewinnsumme (= 1/2 Einsatzsumme abzüglich (vernachlässigbare) Auszahlungsspesen) werden 10 % für die Gewinnsumme des 2. Ranges (5 Richtige plus Zusatzzahl) abgezweigt. Die Gewinner im 4. Rang (4 Richtige) erhalten je Fr. 50.– und die Gewinner im 5. Rang (3 Richtige) Fr. 6.–. Die Restsumme wird zu 50 % dem 3. Rang (5 Richtige) zugeschlagen und die zweite Hälfte kassieren die Gewinner im 1. Rang (6 Richtige), denen auch noch der Jackpot zufällt. Aus den Daten in untenstehender Tabelle lassen sich die Anzahl Vierer und Dreier pro Ziehung schätzen. Als Hilfsgrösse kann dabei ein Beliebtheitsindex für jede Kombination von sechs Zahlen errechnet werden:
Aufgrund der Auszählung von über 20 Millionen Lottozetteln wird zuerst für jede Zahl von 1 bis 45 ein Beliebtheitsfaktor b_i errechnet gemäss $b_i = \frac{h_i}{\bar{h}}$, wobei h_i angibt, wie oft die Zahl i auf den ausgezählten Zetteln angekreuzt worden ist und $\bar{h} = \frac{1}{45}\sum_{j=1}^{45} h_j$. Für überdurchschnittlich oft angekreuzte Zahlen ($h_i > \bar{h}$) ist $b_i > 1$, andernfalls ist $b_i \leq 1$ (mit $b_i = 1 \Leftrightarrow h_i = \bar{h}$). Der Beliebtheitsindex einer Sechserkombination ergibt sich nun als das Produkt der Beliebtheitsfaktoren seiner sechs Zahlen. Man beachte aber, dass ein Tip aus unbeliebten Zahlen trotzdem eine sehr beliebte Zahlenkombination darstellen kann (z.B. 40/41/42/43/44/45).

Ziehung	Einsatzsumme	3 Richtige (6.–)	4 Richtige (50.–)	Beliebtheitsindex
01/90	6 157 244	131 610	7 108	0.855
02/90	7 299 536	117 067	5 564	0.473
03/90	8 262 999	209 432	13 043	1.104
04/90	9 957 687	156 455	8 687	0.387
05/90	14 503 306	283 714	15 170	0.743
06/90	27 293 426	569 412	28 063	0.955
07/90	8 239 816	170 993	8 820	0.731
08/90	8 819 578	215 610	13 323	1.107
09/90	7 793 156	110 846	5 536	0.410
10/90	8 392 030	207 917	14 030	1.349
11/90	7 277 583	141 511	8 226	0.691
12/90	8 045 115	201 209	11 635	1.407
13/90	13 579 961	314 079	19 214	1.129
14/90	7 367 879	177 528	10 983	0.821
15/90	5 919 805	141 059	7 998	1.068
16/90	7 918 561	140 643	6 849	0.634
17/90	9 070 571	250 450	14 667	1.202
18/90	10 554 911	273 240	17 199	1.260
19/90	6 966 789	174 024	12 088	1.156
20/90	6 748 636	133 816	7 383	0.708
21/90	6 377 992	142 981	7 704	1.122
22/90	7 038 111	181 207	11 200	1.355
23/90	6 458 347	171 678	10 041	1.259
24/90	6 415 921	103 489	5 009	0.542
25/90	6 311 169	178 062	12 302	1.407
26/90	6 457 152	186 088	13 225	1.386
27/90	6 954 593	132 893	7 041	0.716
28/90	7 903 117	123 881	5 410	0.660
29/90	9 967 464	210 219	10 513	0.986
30/90	13 701 413	322 679	20 109	0.840
31/90	19 241 578	406 668	22 185	0.897
32/90	30 095 989	620 853	33 623	0.879
33/90	40 910 778	683 418	32 277	0.513
34/90	8 661 622	248 578	17 285	1.943
35/90	8 284 750	175 969	10 601	0.761
36/90	7 974 659	174 638	10 214	1.082
37/90	7 511 105	123 467	5 893	0.601
38/90	7 887 206	145 695	7 197	0.729
39/90	8 798 848	230 895	17 979	1.100
40/90	7 263 295	164 262	8 817	1.317
41/90	7 825 281	204 035	12 847	1.102
42/90	7 048 785	156 025	9 049	0.863
43/90	7 666 818	164 365	10 630	0.750
44/90	6 915 283	128 196	7 251	0.558
45/90	6 897 909	155 717	9 397	0.911
46/90	7 460 735	152 067	8 690	0.803
47/90	8 126 564	228 060	15 303	1.417
48/90	7 073 379	177 165	11 360	1.163
49/90	6 900 039	117 497	6 005	0.425
50/90	7 299 374	166 805	9 248	0.908
51/90	8 531 985	184 932	12 009	0.708
52/90	6 259 533	158 719	9 387	1.066

16 Gezogene Zahlen der Vorwochen plus/minus eins im Schweizer Zahlenlotto

Daten

Die Daten stammen aus der Gesamtheit der abgegebenen Tips bei der 6. Ziehung des Jahres 1990 im Schweizer Zahlenlotto. Es wurde gezählt, wie oft die Zahlenkombinationen 'i-te Vorwoche plus/minus eins' angekreuzt worden sind (i=1 bis 9). Die Kombination '3.Vorwoche plus eins' erhält man beispielsweise, indem man die drei Wochen zuvor gezogenen Zahlen (2,7,17,21,24,41) nimmt und zu jeder eins hinzuaddiert (ergibt 3,8,18,22,25,42). Dieser Tip wurde vor der Ziehung 6/90 beispielsweise 205 Mal abgegeben.

Ziehung	Vorwoche	gezogene Zahlen	
		plus eins	minus eins
5/90	1	2342	1623
4/90	2	283	257
3/90	3	205	125
2/90	4	85	70
1/90	5	90	–
52/89	6	87	67
51/89	7	33	40
50/89	8	33	27
49/89	9	25	12

Bemerkungen:

- Es erweist sich als sinnvoll, die Daten, die sich auf die Ziehung 5/90 (d.h. auf die direkte Vorwoche) beziehen, in der Rechnung nicht zu berücksichtigen, da diese andere Regelmässigkeiten befolgen als die restlichen Ziehungen.
- In der Ziehung 1/90 (fünfte Vorwoche der ausgewerteten Ziehung) trat die Eins auf. Die entsprechende Kombination 'minus eins' wurde sowohl mit der Zahl 45 an ihrer Stelle, als auch mit unverändert stehengelassener Eins etliche Male angekreuzt. Wir verzichten darauf, die Anzahl abgegebener Tips mit diesen beiden Kombination in unsere Betrachtungen miteinzubeziehen.

Fragestellung

Wie verhalten sich die Tiphäufigkeiten solcher Zahlenkombinationen? Waren die Kombinationen 'i-te Vorwoche plus eins' beliebter als die entsprechenden 'minus eins'–Varianten oder sind allfällige Unterschiede in den Häufigkeiten zufälliger Natur?

17 Tagesverlauf der Geburtenzahl in fünf Spitälern

Quelle

C.I. Bliss, Statistics in Biology, Vol.II, Mc Graw–Hill, 1970.

Daten

Anzahl Geburten pro Stunde über Zeitabschnitte von ein bis neun Jahren in fünf verschiedenen Spitälern A bis E.

Stunde endend um	Spital					Total
	A	B	C	D	E	
1	85	99	370	421	447	1422
2	104	103	349	415	447	1418
3	88	126	357	434	475	1480
4	94	130	411	447	508	1590
5	95	134	422	440	469	1560
6	74	129	457	474	498	1632
7	83	117	415	427	505	1547
8	95	93	398	448	436	1470
9	88	135	425	450	490	1588
10	64	118	435	470	478	1585
11	83	110	406	415	501	1515
12	87	98	382	420	429	1416
13	77	87	381	388	422	1355
14	81	95	357	337	427	1297
15	78	95	339	356	413	1281
16	80	71	308	300	375	1134
17	64	103	355	353	401	1276
18	80	106	295	344	355	1180
19	71	99	296	331	416	1213
20	78	91	292	302	340	1103
21	62	101	331	339	434	1267
22	69	84	339	365	441	1298
23	87	94	309	380	383	1253
24	69	114	331	365	456	1335

Fragestellung

Man beschreibe den Verlauf der Geburtenzahlen mit einem statistischen Modell und vergleiche diesen für die verschiedenen Spitäler.

18 Übernommene Gewinntips der Vorwochen im Schweizer Zahlenlotto

Quelle

H. Riedwyl, Zahlenlotto, Verlag P. Haupt, Bern, 1990.

Daten

Nicht nur einzelne Zahlen vergangener Ausspielungen werden zu Tips zusammengestellt, sondern ganze Gewinnkombinationen ehemaliger Auslosungen werden von vielen Spielern übernommen, die in diesen eine grössere Gewinnchance vermuten. So zeigt z. B. die Auswertung des Wettbewerbes 06/90 (6. Ziehung im Jahre 1990), dass die Gewinnkombination der Vorwoche (also in 05/90) in 12 008 Tips abgegeben wurde. Sogar Gewinnzahlenkombinationen früherer Wochen, bis viele Wochen zurück, werden immer wieder getippt. In untenstehender Tabelle sind die Häufigkeiten der 25 letztgezogenen Gewinnzahlenkombinationen angegeben, mit der sie im Wettbewerb 06/90 ausgezählt wurden:

Ziehung	H'keit	Ziehung	H'keit	Ziehung	H'keit
05/90	12 008	47/89	1 568	37/89	623
04/90	3 752	46/89	991	36/89	629
03/90	3 098	45/89	884	35/89	626
02/90	2 190	44/89	1 102	34/89	654
01/90	2 073	43/89	866	33/89	589
52/89	2 155	42/89	743		
51/89	1 609	41/89	785		
50/89	1 314	40/89	786		
49/89	1 159	39/89	766		
48/89	1 339	38/89	695		

Fragestellung

Wie verändert sich die Tipbeliebtheit ehemaliger Gewinnzahlen im Laufe der Zeit?

19 Engel'sches Gesetz

Quelle

E. Engels: "Die Productions- und Consumationsverhältnisse des Königreichs Sachsen"; Zeitschrift des Stat. Bureaus des Königlich Sächsischen Ministeriums des Innern No.8 und 9, Sonntag, den 22. November 1857.

Daten

Wir betrachten das jährliche Familieneinkommen zwischen 1000 und 3000 belgischen Francs (x) und den durchschnittlichen Ausgabenanteil für Nahrungsmittel in % des Familieneinkommens (y):

Einkommen	1000	1100	1200	1300	1400	1500	1600
Ausgabenanteil	64.00	63.25	62.55	61.90	61.30	60.75	60.25
Einkommen	1700	1800	1900	2000	2100	2200	2300
Ausgabenanteil	59.79	59.37	58.99	58.65	58.35	58.08	57.84
Einkommen	2400	2500	2600	2700	2800	2900	3000
Ausgabenanteil	57.63	57.45	57.30	57.17	57.06	56.97	56.90

Fragestellung

Das in der Wirtschaftswissenschaft bekannte "Engel'sche Gesetz" besagt, dass mit steigendem Einkommen der Privathaushalte im Durchschnitt die Ausgaben für Nahrungsmittel zwar absolut wachsen, jedoch relativ abnehmen. Dies ist mit obigem Datenmaterial zu zeigen.

20 Häufigkeiten der gewählten Zahlen beim Schweizer Zahlenlotto

Quelle

H. Riedwyl, persönlich.

Daten

Eine Auszählung der 11. Ausspielung von 1987 (kurz 11/87) und der 6. im Jahre 1990 (06/90) (ohne Systemtips) liefert folgende Häufigkeiten der einzelnen Zahlen, mit der sie gesetzt wurden:

Zahl	11/87	06/90	Zahl	11/87	07/90	Zahl	11/87	06/90
1	679 460	2 049 127	16	831 680	2 541 299	31	611 532	1 730 797
2	747 173	2 153 896	17	911 730	2 618 531	32	742 320	2 360 815
3	878 690	2 467 588	18	721 967	2 043 396	33	813 645	2 619 101
4	793 029	2 255 005	19	782 388	2 190 416	34	733 320	2 327 889
5	814 631	2 273 512	20	811 860	2 416 514	35	705 648	2 188 138
6	786 193	2 278 758	21	964 991	2 909 924	36	559 105	1 711 327
7	848 608	2 229 456	22	898 775	2 733 202	37	507 845	1 544 814
8	896 241	2 635 965	23	786 281	2 421 896	38	631 096	2 055 036
9	1 036 668	3 104 597	24	679 610	2 011 105	39	686 133	2 138 490
10	845 746	2 496 761	25	632 815	1 886 151	40	702 493	2 220 225
11	898 440	2 589 587	26	829 341	2 483 883	41	559 891	1 843 486
12	745 840	2 024 508	27	979 655	2 886 790	42	527 464	1 648 188
13	834 725	2 201 072	28	918 089	2 692 283	43	429 320	1 375 129
14	798 016	2 416 489	29	821 300	2 421 543	44	497 845	1 677 861
15	907 915	2 740 530	30	638 072	1 863 139	45	513 808	1 697 357

Fragestellung

Im Wettbewerb 11/87 wurden somit insgesamt 5 656 899 Tips abgegeben, während im Wettbewerb 06/90 die Spielbeteiligung fast dreimal so gross war, nämlich 16862596. Es stellt sich nun die Frage, ob der a priori bekannte Modellparameter $\frac{16\,862\,596}{5\,656\,899} = 2.98$ wesentlich von der Steigung der Regressionsgerade abweicht oder nicht, oder, anders ausgedrückt, ob sich die Häufigkeiten der einzelnen Zahlen proportional zueinander verhalten.

21 Weltrekorde im Schwimmen und Schnellauf

Quelle

Howard Wainer, in Chance: New Directions for Statistics and Computing, Vol.6 No.1, Springer New York, 1993.

Problemstellung

Man versuche, die Weltrekorde über ausgewählte Distanzen in den Disziplinen Schwimmen und Schnellauf mathematisch zu erfassen und Parallelen oder Unterschiede aufzudecken. Die Distanzen wurden so gewählt, dass die Dauer der Leistung eine halbe Stunde nicht (oder nur knapp) überschreitet.

Daten

Schwimm– und Laufweltrekorde, Stand 31. August 1991:

Distanz in m	Schwimmen		Lauf	
	Männer	Frauen	Männer	Frauen
50	21.81	24.98		
100	48.42	54.73	9.86	10.49
200	1:46.69	1:57.55	19.72	21.34
400	3:46.95	4:03.85	43.29	47.60
800	7:47.85	8:16.22	1:41.73	1:53.28
1000			2:12.18	
1500	14:50.36	15:52.10	3:29.46	3:52.47
2000			4:50.81	5:28.69
3000			7:29.45	8:22.62
5000			12:58.39	14:37.33
10000			27:08.23	30:13.74

22 Fläche und Einwohnerzahl der Länder der Erde

Quelle

Aktuell 93–Das Lexikon der Gegenwart, Harenberg Lexikon-Verlag, Dortmund.

Fragestellung

Wie kann der Zusammenhang zwischen der Fläche und der Einwohnerzahl aller 190 Staaten der Erde (Stand 1993) mit der Methode der Regressionsanalyse beschrieben werden?

Daten

Land	Fläche *in* km^2	Einwohner *in Tausend*	Land	Fläche *in* km^2	Einwohner *in Tausend*
Afghanistan	652090	15600	Chile	756945	12900
Aegypten	1001449	57000	China	9560779	1140000
Aeq. Guinea	28051	407	Costa Rica	51100	3100
Albanien	28748	3300	Dänemark	43076	5100
Algerien	2381741	26000	Deutschland	356910	79000
Andorra	466	59.048	Dominica	751	84.9
Angola	1246700	9700	Dominik.Rep.	48734	7300
Antigua/Bar.	440	64	Dschibuti	23200	411.4
Argentinien	2766889	33500	Ecuador	283561	9600
Armenien	29800	3400	Elfenbeinkü.	322463	12700
Aserbaidsch.	86600	7200	El Salvador	21041	5390
Aethiopien	1104300	48650	Eritrea	117600	3040
Australien	7686848	17300	Estland	45100	1600
Bahamas	13878	249	Fidschi	18272	759.57
Bahrain	678	520	Finnland	338127	5000
Bangladesch	143998	113000	Frankreich	551500	56600
Barbados	430	262.7	Gabun	267667	1200
Belau	487	15	Gambia	11295	850
Belgien	30519	9900	Georgien	69700	5600
Belize	22965	184	Ghana	238537	15200
Benin	112622	4800	Grenada	344	94
Bhutan	47000	1470	Griechenland	131990	10260
Bolivien	1098581	7100	Grossbrit.	244100	57400
Bosnien Her.	51129	4300	Guatemala	108889	9100
Botswana	581730	1320	Guinea	245857	7000
Brasilien	8511965	146000	Guinea Biss.	36125	1000
Brunei	5765	372	Guyana	214969	796
Bulgarien	110993	8900	Haiti	27750	6400
Burkina Faso	274200	9000	Honduras	112088	5260
Burundi	27834	5610	Indien	3287590	844000

Land	Fläche *in km²*	Einwohner *in Tausend*
Indonesien	1904569	190000
Irak	438317	18800
Iran	1648000	56300
Irland	70284	3500
Island	103000	260
Israel	20770	4820
Italien	301268	57700
Jamaika	10990	2500
Japan	377801	124000
Jemen	527968	11600
Jordanien	92300	3280
Jugoslawien	102173	10200
Kambodscha	181035	8600
Kamerun	475442	12230
Kanada	9970610	27300
Kapverde	4033	361
Kasachstan	2717300	17000
Katar	11437	486
Kenia	580367	25100
Kirgisien	198500	4500
Kiribati	822	71.298
Kolumbien	1138914	33000
Komoren	2235	463
Kongo	342000	2600
Nordkorea	120538	22900
Südkorea	99262	42800
Kroatien	56538	4700
Kuba	110861	10600
Kuwait	17818	1300
Laos	236800	4100
Lesotho	30355	1760
Lettland	64500	2700
Libanon	10400	2740
Liberia	111369	2700
Libyen	1759540	4210
Liechtenst.	160	28.8
Litauen	65200	3700
Luxemburg	2586	377
Magadaskar	587041	12300
Malawi	118484	9190
Malaysia	329758	17800
Malediwen	298	214
Mali	1240192	8290
Malta	316	300
Marokko	712550	25700
Marsh. Ins.	181	43
Mauretanien	1030000	2050
Mauritius	2040	1100
Mexiko	1958201	81100
Mikronesien	721	104.937
Moldawien	33700	4500
Monaco	1.95	29.3
Mongolei	1566500	2200
Mosambik	801590	14700
Burma	676552	41680
Namibia	824292	1330
Nauru	21	8.1
Nepal	140797	18900
Neuseeland	270986	3430
Nicaragua	130000	3900
Niederlande	41864	15000
Niger	1267000	8020
Nigeria	923768	88500
Norwegen	323895	4250
Oman	312000	1500
Österreich	83853	7800
Pakistan	803943	114000
Panama	77082	2400
Papua Neugu.	462840	3520
Paraguay	406752	4390
Peru	1285216	22300
Philippinen	300000	62400
Polen	312677	68200
Portugal	92389	10390
Rumänien	237500	23300
Russland	17075000	150000
Ruanda	26338	7490
St.Kitts/N.	261	44.1
St.Lucia	622	151
St.Vinc./Gr.	388	115
Salomonen	28896	319
Sambia	752618	8440
Westsamoa	2831	165
San Marino	61	23
Sao Tome/Pr.	964	121
Saudiarabien	2250000	14130
Schweden	440945	8600
Schweiz	41293	6800
Senegal	196722	7500
Seychellen	280	68.7

Land	Fläche *in km²*	Einwohner *in Tausend*	Land	Fläche *in km²*	Einwohner *in Tausend*
Sierra Leone	71740	4260	Tunesien	163610	8300
Singapur	633	2700	Türkei	779452	56400
Slowenien	20000	2000	Turkmenien	488100	3700
Somalia	637657	7600	Tuvalu	26	9.1
Spanien	504782	39200	Uganda	239000	19600
Sri Lanka	65610	17200	Ukraine	603700	52200
Südafrika	1221037	35300	Ungarn	93032	10400
Sudan	2505813	29100	Uruguay	177414	3100
Surinam	163265	411	USA	9372614	253600
Swasiland	17364	761	Usbekistan	447400	20600
Syrien	185180	12100	Vanutu	12189	152
Tadschikist.	143100	5400	Vatikan	0.44	0.774
Taiwan	35988	20200	Venezuela	912050	19700
Tansania	945087	24400	Ver.arab.Em.	83600	1690
Thailand	513115	56300	Vietnam	331689	66700
Togo	56785	3590	Weissrussl.	207600	10300
Tonga	750	101	Zaire	2345095	35600
Trinid./Tob.	5128	1240	Zen.afr.Rep.	622984	3000
Tschad	1284000	5700	Zimbabwe	399580	9500
Tschekoslow.	127876	15700	Zypern	9251	700

23 Laufweltrekorde

Quelle

A. Sen / M. Srivastava, Regression Analysis, Theory, Methods and Applications, Springer, 1990.

Daten

Die Weltrekorde der Männer und Frauen über verschiedene Laufdistanzen, Stand 1974. Distanzangaben in Meter, Zeiten in Sekunden.

- Männer:

Distanz	*Zeit*	*Distanz*	*Zeit*	*Distanz*	*Zeit*
100	9.9	1000	136.0	10000	1650.8
200	19.8	1500	213.1	20000	3464.4
400	43.8	2000	296.2	25000	4495.6
800	103.7	3000	457.6	30000	5490.4
		5000	793.0		

- Frauen:

Distanz	*Zeit*	*Distanz*	*Zeit*	*Distanz*	*Zeit*
60	7.2	200	22.1	800	117.0
100	10.8	400	51.0	1500	241.4

Problemstellung

Man stelle eine geeignete Regressionsbeziehung zwischen den Distanzen und den jeweiligen Weltrekordzeiten her und vergleiche die resultierenden Geraden für Männer und Frauen.

24 Gewinnsumme für fünf Gewinnzahlen im Jahre 1989

Quelle

H. Riedwyl, Zahlenlotto, Verlag P. Haupt, Bern, 1990.

Daten

In untenstehender Tabelle sind die Anzahl der Gewinner des 3. Ranges (d.h. 5 Richtige) und die jeweiligen Gewinnquoten in Fr. der 52 Ausspielungen des schweizerischen Zahlenlottos von 1989 (6 aus 45) aufgeführt.

Nr.	Anz.	Quote	Nr.	Anz.	Quote
1	72	13 797.20	27	171	3 971.90
2	211	4 559.40	28	274	2 305.90
3	209	4 546.70	29	218	2 612.40
4	518	1 775.50	30	39	22 381.20
5	61	17 700.50	31	63	14 346.90
6	94	12 278.20	32	192	4 102.50
7	232	5 659.10	33	112	5 619.90
8	99	9 464.20	34	440	503.90
9	335	2 095.30	35	234	2 746.70
10	176	4 127.60	36	355	1 470.60
11	186	3 962.60	37	126	6 158.30
12	132	4 106.90	38	175	4 580.90
13	89	10 956.30	39	179	4 396.30
14	115	6 912.50	40	185	3 917.50
15	576	599.10	41	133	6 456.30
16	151	5 180.60	42	154	4 465.70
17	315	2 126.00	43	153	5 806.90
18	61	14 238.20	44	346	2 032.70
19	127	6 366.40	45	42	25 712.30
20	142	4 607.00	46	58	19 678.80
21	211	2 972.40	47	461	3 467.30
22	244	3 095.90	48	336	1 949.80
23	69	13 199.30	49	164	4 444.90
24	55	17 519.40	50	237	4 894.30
25	255	2 677.90	51	170	8 082.40
26	514	1 651.00	52	179	8 843.20

Fragestellung

Wie lässt sich der Zusammenhang zwischen Gewinnquote und Anzahl Fünfer beschreiben?

25 Druckfestigkeit von 90 Betonziegeln

Quelle

H. Riedwyl, Angewandte Statistik, Verlag P. Haupt, Bern, 1992; E. Kreyszig, Statistische Methoden und ihre Anwendungen, Vandenhoeck & Ruprecht, 1965.

Fragestellung

Ein Qualitätsfachmann möchte die Druckfestigkeit einer Zementsorte prüfen. Er wählt aus einer Gesamtheit von Säcken zufällig 30 aus und lässt sich davon je drei Betonziegel zur Prüfung anfertigen. Die Annahme, dass der Zement innerhalb der Säcke homogener ist als zwischen den Säcken, bringt ihn dazu, pro Sack drei Ziegel anzufertigen. Die drei wiederholten Messungen können kein zweites Mal reproduziert werden, da jeder neu gewählte Zementsack auch einen neuen unbekannten Mittelwert besitzt.

Daten

Zementsack	*Druckfestigkeit (kg/cm^2)*			*Zementsack*	*Druckfestigkeit (kg/cm^2)*		
1	358	392	368	16	301	402	379
2	324	307	308	17	250	230	278
3	235	228	237	18	335	342	300
4	317	346	276	19	290	352	358
5	299	284	293	20	239	349	315
6	330	376	381	21	359	397	394
7	333	389	371	22	324	336	352
8	333	334	364	23	328	302	316
9	443	489	401	24	285	285	303
10	434	354	366	25	314	318	355
11	328	341	374	26	271	245	209
12	279	302	320	27	246	272	317
13	453	458	410	28	322	386	328
14	261	279	244	29	378	368	353
15	353	345	361	30	419	344	355

26 Todesfälle an Lungenentzündung

Quelle

C. I. Bliss, Statistics in Biology, Volume II, McGraw–Hill, New York, 1970.

Daten

Eine amerikanische Lebensversicherungsgesellschaft errechnete für jeden Monat von September 1945 bis August 1955 die Rate der Todesfälle infolge Lungenentzündung pro 100 000 Versicherte. Die Werte sind auf eine jährliche Basis umgerechnet, d.h. sie geben an, wieviele Personen aus einer Gruppe von 100 000 beim im entsprechenden Monat vorliegenden Risiko innerhalb eines Jahres an Lungenentzündung sterben würden.

	45/46	46/47	47/48	48/49	49/50
Sept.	3.350	3.228	3.111	3.111	2.974
Okt.	3.532	3.611	3.193	3.016	3.053
Nov.	3.673	3.680	3.452	3.212	3.174
Dez.	4.332	3.931	3.827	3.350	3.394
Jan.	5.307	4.362	4.477	4.007	3.600
Feb.	4.802	4.067	4.170	3.877	3.483
März	4.707	4.297	4.375	3.850	3.773
April	4.284	4.604	3.920	3.939	3.865
Mai	3.618	3.885	3.877	3.673	3.575
Juni	3.796	3.360	3.476	3.043	3.184
Juli	3.540	3.228	3.139	2.915	2.718
Aug.	3.203	2.915	3.004	3.102	2.560

	50/51	51/52	52/53	53/54	54/55
Sept.	2.570	2.356	2.519	2.942	2.743
Okt.	2.898	2.821	2.787	2.596	2.821
Nov.	2.843	3.068	3.184	2.718	2.821
Dez.	3.307	3.421	3.261	3.287	3.108
Jan.	3.466	3.842	3.550	3.297	3.607
Feb.	3.550	3.466	4.183	3.370	3.568
März	4.362	4.059	4.200	3.476	3.508
April	3.916	3.666	3.593	3.251	3.360
Mai	3.476	3.414	3.047	2.942	2.855
Juni	2.933	2.995	3.995	2.898	2.729
Juli	2.843	2.809	2.962	2.776	2.910
Aug.	2.694	2.633	2.494	2.776	2.843

Fragestellung

Beim vorliegenden Problem handelt es sich um eine Zeitreihe. Trotzdem ist es möglich, die Methode der Regressionsanalyse anzuwenden und die Fragen nach der Signifikanz von jährlichen Schwankungen zu untersuchen.

27 Barometerdruck in verschiedenen Höhenlagen

Quelle

J.-H. Lambert, Beyträge zum Gebrauche der Mathematik und deren Anwendungen, Theil 1, Berlin 1765, S. 461-465

Daten

Es wurden die Höhen über Meer verschiedenener Berge im Languedoc, der Auvergne und der Provence gemessen. Als Einheit wurde dabei die Toise, ein altes französisches Längenmass, verwendet. Eine Toise entspricht 1.494 m. Auf denselben Berggipfeln wurde der Barometerdruck beobachtet (Einheit: Linien). Lambert interessierte sich für die Form der Abhängigkeit des Druckes von der Berghöhe.

Ort	Höhe	Druck	Ort	Höhe	Druck
Meereshöhe	0	336.0	La Coste	807	278.0
Clairet	277	314.5	La Courlande	801	278.0
Rodez	362	308.0	Mont d'Or	1001	264.5
Massanne	408	304.7	St. Barthélémy	1225	252.5
Rupeyroux	446	301.5	Mousset	1228	250.7
Bugarac	628	289.5	Canigou	1424	240.5
Puy de Dôme	789	278.5			

Fragestellung

Welches ist der Zusammenhang des Barometerdrucks mit der Höhe?

28 Tipphäufigkeiten im kanadischen Zahlenlotto

Quelle

Kanadische Tageszeitung

Problemstellung

In kanadischen Zeitungen werden vor jeder Ziehung im Zahlenlotto (unter anderem) folgende Daten veröffentlicht:

- Wie oft jede Nummer zwischen 1 und 49 seit Januar 1982 (Einführung des aktuellen Auslosungssystem) gezogen worden ist (Variable *gezogen*).

- Wie häufig jede einzelne dieser Zahlen bei allen Ziehungen des vorangehenden Monats angekreuzt worden ist (*Prozent*). Diese Angabe erfolgt in Prozent. Demnach müssen sich die Zahlen in der entsprechenden Kolonne der Tabelle unten zu 100 aufsummieren. Bei den hier vorliegenden Daten handelt es sich um die Häufigkeiten von Juli 1993.

Es soll nun der Frage nachgegangen werden, ob kanadische Lottospieler diejenigen Nummern öfter wählen, die in der Vergangenheit häufig unter den Gewinnzahlen figurierten. Zugleich kann auch untersucht werden, ob ein Trend dazu besteht, tiefere Zahlen öfter zu wählen, wie dies bei ähnlichen Daten schon beobachtet worden ist.

Daten

Nr.	gezogen	Prozent	Nr.	gezogen	Prozent	Nr.	gezogen	Prozent
1	131	2.3	18	132	2.15	34	135	1.85
2	106	2.2	19	121	2.25	35	129	1.8
3	119	2.6	20	124	1.6	36	115	1.8
4	118	2.35	21	118	2.1	37	108	1.65
5	117	2.55	22	116	2	38	130	1.55
6	112	2.3	23	109	2.1	39	131	1.5
7	141	3.55	24	115	2.1	40	126	1.4
8	119	2.3	25	124	2.2	41	125	1.6
9	118	2.45	26	124	2.05	42	117	1.7
10	107	1.95	27	126	2.3	43	144	2.05
11	111	2.5	28	120	2	44	134	1.9
12	104	2.4	29	121	1.85	45	118	1.6
13	106	2.2	30	113	1.65	46	124	1.55
14	114	2.1	31	151	2.35	47	138	1.9
15	102	2	32	134	1.8	48	106	1.4
16	135	2.35	33	119	1.9	49	127	1.95
17	125	2.3						

29 Aufsichtspersonal in Industriebetrieben

Quelle:

S. Chatterjee / B. Price, Regression Analysis by Example, J. Wiley & Sons, New York, p. 44.

Daten:

In 27 Industriebetrieben verschiedener Grösse wurde die Anzahl beschäftigter Arbeiter und die Anzahl Aufsichtspersonal erfasst. Man interessiert sich für den Zusammenhang zwischen diesen beiden Grössen.

Betrieb	Arbeiter	Aufsicht	Betr.	Arb.	Aufs.	Betr.	Arb.	Aufs.
1	294	30	10	697	78	19	700	106
2	247	32	11	688	80	20	850	128
3	267	37	12	630	84	21	980	130
4	358	44	13	709	88	22	1025	160
5	423	47	14	627	97	23	1021	97
6	311	49	15	615	100	24	1200	180
7	450	56	16	999	109	25	1250	112
8	534	62	17	1022	114	26	1500	210
9	438	68	18	1015	117	27	1650	135

30 Wert von Goldmünzen

Quelle:

H. Riedwyl, Angewandte Statistik, Verlag P. Haupt, Bern, 1992.

Daten:

Der Wert von Goldmünzen (20 Fr. Goldvreneli) — im Jahre 1969 festgehalten — hat als wichtige Einflussgrössen das Alter der Münze und die Auflage im betreffenden Jahr. Untenstehende Tabelle zeigt Wert in Schweizer Franken sowie Alter (im Jahre 1969) und Auflage.

Alter in Jahren	Auflage in Mio.	Wert in Fr.	Alter in Jahren	Auflage in Mio.	Wert in Fr.
80	0.1	730	67	0.6	85
79	0.125	390	66	0.2	490
78	0.1	690			
77	0.1	450	62	0.15	450
76	0.1	440	61	0.355	110
75	0.12	380	60	0.4	110
74	0.2	350	59	0.375	110
73	0.4	310	58	0.35	130
72	0.4	260	57	0.45	110
71	0.4	180	56	0.7	110
70	0.3	300	55	0.7	85
69	0.4	140	54	0.75	85
68	0.5	90	53	0.3	180

Fragestellung:

Gesucht ist eine Approximation der Werte der Goldmünzen der verschiedenen Jahrgänge in Abhängigkeit vom Alter und der Auflage.

31 Primzahlstatistik

Quelle

P. J. Davis und R. Hersh, Erfahrung Mathematik, Birkhäuser Verlag, 1985.

Daten

Die Funktion $\pi(x)$ sei die Anzahl Primzahlen, die kleiner oder gleich der Zahl x sind.

x	$\pi(x)$	Hilfsgrössen		
		$\frac{x}{\pi(x)}$	$\frac{x}{\pi(x)} - \frac{x/10}{\pi(x/10)}$	$\frac{\pi(x)}{\pi(x/10)}$
10^1	**4**	2.5	–	–
10^2	**25**	4	1.5	6.25
10^3	**168**	5.95	1.95	6.72
10^4	**1229**	8.14	2.19	7.32
10^5	**9592**	10.43	2.29	7.80
10^6	**78498**	12.74	2.31	8.18
10^7	**664579**	15.05	2.31	8.47
10^8	**5761455**	17.36	2.31	8.67
10^9	**50847534**	19.67	2.31	8.83
10^{10}	**455052511**	21.98	2.31	8.95

Fragestellung

Gesucht ist eine einfache Funktion, die $\pi(x)$ approximiert.

32 Volumen stehender Fichten

Quelle

D. Jud, Eidgenössische Anstalt für das forstliche Versuchswesen, Birmensdorf (persönliche Mitteilung)

Daten

Zur Schätzung des Volumens einer Fichte gibt es gute Formeln, die auf den Einflussgrössen Brusthöhendurchmesser (BHD), Durchmesser in 7 m Höhe und totale Baumhöhe basieren. In der Regel kann jedoch von der Forstwirtschaft nur der BHD gemessen werden, da der Aufwand für die übrigen Messungen viel zu gross wäre. Die folgende Tabelle gibt den BHD in 1.3 m Höhe und das Volumen (Vol) von 50 Fichten:

BHD in dm	4.8	3.2	4.1	1.8	4.1	4.2	3.6	4.0	1.2	3.6
Vol in dm^3	2184	929	1288	89	1116	1214	965	1168	60	730
BHD in dm	2.8	3.8	1.9	2.5	1.8	2.4	1.4	3.7	3.8	2.3
Vol in dm^3	539	1218	200	290	158	322	90	1028	804	275
BHD in dm	2.5	3.4	1.3	3.1	2.9	5.9	4.3	1.5	3.5	1.2
Vol in dm^3	319	693	65	838	407	2185	1867	72	715	38
BHD in dm	1.2	2.8	2.0	5.2	5.9	4.5	1.6	1.5	4.3	2.6
Vol in dm^3	33	407	103	2527	2513	1652	110	94	1842	394
BHD in dm	3.8	2.7	4.0	4.6	1.2	1.8	6.4	4.0	4.4	4.1
Vol in dm^3	1043	379	1905	2271	88	130	3999	677	1304	1746

Fragestellung

Wie schätzt man das Volumen stehender Fichten aus dem BHD?

33 Länge des Sekundenpendels

Quelle

J.H. Lambert, Beyträge zum Gebrauche der Mathematik und deren Anwendungen, Theil 1, Berlin 1765, im Verlage des Buchladens der Realschule.

Daten

Die Gravitation nimmt vom Aequator gegen die Pole hin zu. Deshalb vergrössert sich auch die Länge des Sekundenpendels, eines Pendels, das in einer Sekunde eine halbe Periode zurücklegt. Es wurde die Länge des Sekundenpendels an Orten verschiedener geographischer Breite gemessen.

Ort	Pendellänge	geo. Breite	Hilfsgrössen	
			sin^2(geo. Breite)	sin(geo. Breite)
Bello	441.171	66°48′	0.84481	0.9191
London	440.602	51°31′	0.61276	0.7828
Paris	440.540	48°51′	0.56699	0.7530
Rom	440.189	41°54′	0.44600	0.6678
Cap B. Sp.	440.050	33°55′	0.31135	0.5580
Kl. Goa	439.332	18°27′	0.10016	0.3165
Jamaica	439.358	18°00′	0.09549	0.3090
Port Bel.	439.078	09°33′	0.02753	0.1659
Panama	439.200	08°35′	0.02227	0.1492
Cayenne	439.100	04°56′	0.00740	0.0860
Perou	439.100	00°00′	0.00000	0.0000

Fragestellung

Lambert schreibt 1765: "[...] Man weiss aber, dass das Pendel unter dem Aequator am kürzesten ist, und die Theorie giebt, dass sich seine Verlängerung oder der Ueberschuss seiner Länge nach den Quadraten der Sinus der Breiten richtet." Dies ist mit dem zu jener Zeit noch nicht bekannten Methode der kleinsten Quadrate zu verifizieren und mit der von Lambert vorgeschlagenen Lösung zu vergleichen.

34 Benzinverbrauch in den USA

Quelle

Sanford Weisberg, Applied Linear Regression, 2nd Edition, Wiley, New York, 1985.

Fragestellung

Aufgrund der folgenden Einflussfaktoren soll eine Formel zur Schätzung des pro-Kopf Benzinverbrauchs des Jahres 1972 (angegeben in Gallonen/Einwohner[1]) in den verschiedenen Bundesstaaten der USA hergeleitet werden:

- die Benzinsteuer in Cents/Gallone
- das jährliche pro-Kopf Einkommen in Dollars
- die Gesamtlänge des vom Bund finanzierten Strassennetzes in 1000 Meilen
- der Anteil der Bevölkerung, der einen Fahrausweis besitzt, in Prozenten

jeweils für die 50 US–Bundesstaaten. Alle Daten stammen aus den Jahren 1971 und 1972. Die Daten finden sich in der Tabelle auf der folgenden Seite.

Zu einer vollständigen Untersuchung gehört unter anderem die Abklärung von Fragen wie etwa

- Sind die Voraussetzungen für eine multiple lineare Regression erfüllt? Gibt es Ausreisser oder nichtlineare Abhängigkeiten?
- Welche Grössen haben signifikanten Einfluss? Gäbe es eventuell weitere mögliche Kovariablen?

[1] 1 Amerikanische Gallone = 3.785 Liter

Daten

Staat	Steuer	Einkommen	Strassen	Ausweise	B.verbrauch
Maine	9	3571	1.976	52.5	541
New Hampshire	9	4092	1.250	57.2	524
Vermont	9	3865	1.586	58.0	561
Massachusetts	7.5	4870	2.351	52.9	414
Rhode Island	8	4399	0.431	54.4	410
Connecticut	10	5342	1.333	57.1	457
New York	8	5319	11.868	45.1	344
New Jersey	8	5126	2.138	55.3	467
Pennsylvania	8	4447	8.577	52.9	464
Ohio	7	4512	8.507	55.2	498
Indiana	8	4391	5.939	53.0	580
Illinois	7.5	5126	14.186	52.5	471
Michigan	7	4817	6.930	57.4	525
Wisconsin	7	4207	6.580	54.5	508
Minnesota	7	4332	8.159	60.8	566
Iowa	7	4318	10.340	58.6	635
Missouri	7	4206	8.508	57.2	603
North Dakota	7	3718	4.725	54.0	714
South Dakota	7	4716	5.915	72.4	865
Nebraska	8.5	4341	6.010	67.7	640
Kansas	7	4593	7.834	66.3	649
Delaware	8	4983	0.602	60.2	540
Maryland	9	4897	2.449	51.1	464
Virginia	9	4258	4.686	51.7	547
West Virginia	8.5	4574	2.619	55.1	460
North Carolina	9	3721	4.746	54.4	566
South Carolina	8	3448	5.399	54.8	577
Georgia	7.5	3846	9.061	57.9	631
Florida	8	4188	5.975	56.3	574
Kentucky	9	3601	4.650	49.3	534
Tennessee	7	3640	6.905	51.8	571
Alabama	7	3333	6.594	51.3	554
Mississippi	8	3063	6.524	57.8	577
Arkansas	7.5	3357	4.121	54.7	628
Louisiana	8	3528	3.495	48.7	487
Oklahoma	6.58	3802	7.834	62.9	644
Texas	5	4045	17.782	56.6	640
Montana	7	3897	6.385	58.6	704
Idaho	8.5	3635	3.274	66.3	648
Wyoming	7	4345	3.905	67.2	968
Colorado	7	4449	4.639	62.6	587
New Mexico	7	3656	3.985	56.3	699
Arizona	7	4300	3.635	60.3	632
Utah	7	3745	2.611	50.8	591
Nevada	6	5215	2.302	67.2	782
Washington	9	4476	3.942	57.1	510
Oregon	7	4296	4.083	62.3	610
California	7	5002	9.794	59.3	524
Alaska	8	5162	3.246	45.2	551
Hawaii	5	4995	0.602	64.8	345

35 Testziehungen im Zahlenlotto

Problemstellung

Von einer Ziehungsmaschine im Zahlenlotto wird verlangt, dass die Ziehung der Kugeln zufällig erfolgt, d. h. dass die Wahrscheinlichkeit, gezogen zu werden, für jede Zahl identisch ist und dass die Ziehungen unabhängig sind. Diese Forderung schliesst mit ein, dass es keine äusseren Einflüsse geben darf, welche die Ziehung massgeblich mitbestimmen.

Mit einem Ziehungsapparat wurden Probeziehungen durchgeführt. 260 mal wurden aus 45 Kugeln sieben gezogen (sechs Hauptgewinnzahlen sowie eine Zusatzzahl). Anhand der folgenden Daten soll beurteilt werden, ob die Faktoren Farbe und Gewicht der Kugeln die Häufigkeiten signifikant beeinflussen.

Daten

Die Farben sind folgendermassen codiert: weiss=1, gelb=2, grün=3, blau=4, rot=5. Das Gewicht der Kugeln ist in Gramm angegeben.

Nummer	*Farbe*	*Häufigkeit*	*Gewicht*	*Nummer*	*Farbe*	*Häufigkeit*	*Gewicht*
1	1	22	3.427	24	3	37	3.304
2	1	32	3.419	25	3	36	3.368
3	1	38	3.475	26	3	40	3.433
4	1	33	3.425	27	3	42	3.473
5	1	36	3.489	28	4	35	3.434
6	1	31	3.430	29	4	47	3.434
7	1	41	3.376	30	4	45	3.426
8	1	40	3.405	31	4	42	3.439
9	1	37	3.453	32	4	49	3.421
10	2	52	3.397	33	4	45	3.431
11	2	47	3.413	34	4	43	3.431
12	2	46	3.427	35	4	58	3.477
13	2	19	3.343	36	4	52	3.451
14	2	38	3.385	37	5	41	3.307
15	2	36	3.385	38	5	38	3.297
16	2	37	3.382	39	5	37	3.299
17	2	39	3.382	40	5	41	3.308
18	2	39	3.377	41	5	45	3.321
19	3	37	3.310	42	5	40	3.325
20	3	48	3.342	43	5	51	3.315
21	3	38	3.317	44	5	40	3.308
22	3	44	3.316	45	5	42	3.296
23	3	44	3.304				

36 Schätzung und Zuschlagspreis an einer Auktion

Problemstellung

An einer Auktion wurden 120 verschiedene Kunstwerke versteigert. Zu diesem Anlass wurde eine Broschüre herausgegeben, in welcher die angebotenen Objekte vorgestellt und beschrieben wurden. Zudem wurde ein geschätzter Wert (in SFr.) für jeden Gegenstand angegeben.

Anhand der folgenden Tabelle soll der Zusammenhang zwischer dieser Schätzung und dem Zuschlagspreis untersucht werden.

Daten

Schätz	*Zuschl*	*Schätz*	*Zuschl*	*Schätz*	*Zuschl*	*Schätz*	*Zuschl*
2200	1100	5000	2800	5000	3600	900	500
840	700	2400	1900	1500	1000	2000	1300
840	700	900	600	1500	1400	1900	900
840	700	1000	750	8000	4400	3200	3000
1700	1000	800	900	2000	1000	1500	1400
2800	1900	1500	900	3500	2000	2000	1400
2000	1800	950	800	4000	3300	3000	1400
1800	1100	950	700	1800	1600	6000	3600
1200	850	950	750	20000	14000	1200	1800
1000	650	950	700	5000	3600	2500	2500
1400	900	1400	1000	3000	2100	1200	700
4000	2100	1300	750	4000	3400	800	400
1500	1100	1300	750	1600	850	3000	2000
1500	1300	3900	2400	1500	700	3000	1800
1800	950	4100	3100	1500	700	11000	8200
4000	2000	1200	700	1200	800	2000	1600
4200	2800	1600	1100	1000	2200	2000	1200
1500	900	3600	2600	2200	3100	2400	1600
9000	5800	18000	9600	5000	3100	1700	1200
5000	2600	1300	900	1200	600	7000	2000
4000	2300	1100	1000	4800	3000	1800	1400
8500	4600	900	500	4800	3100	2000	1300
4200	2600	7500	5500	3500	2200	2500	1500
5000	3600	3400	2100	2700	1600	24000	16000
3000	2200	3400	2200	12000	6000	2400	2100
1400	1200	6000	3400	4000	3500	2000	800
3000	1700	800	400	900	500	1000	800
2500	1600	1200	1100	900	500	8000	6000
2500	1400	1500	1400	6000	3200	1800	1300
9600	4800	1700	900	1600	1000	750	650

37 Methoden zur Verbesserung der Merkfähigkeit

Quelle

W. R. Glaser, Varianzanalyse, G. Fischer, Stuttgart, 1978.

Problemstellung

Die Wirksamkeit dreier verschiedener Trainingsmethoden zur Verbesserung der Merkfähigkeit hirnverletzter Patienten, die unter erheblichen Störungen leiden, soll überprüft werden. 30 Patienten werden deshalb nach Zufall für die Applikation von Therapie 1, 2 oder 3 ausgewählt. Als Masszahlen für den Therapieerfolg werden die Differenzen der Punktzahlen in einem Merkfähigkeitstest zwischen Anfang und Ende der Therapie verwendet. Eine hohe Masszahl bedeutet also eine erfolgreiche Therapie.

Daten

Therapie 1	Therapie 2	Therapie 3
5	4	5
6	3	6
9	8	1
3	10	7
1	8	5
2	9	8
7	6	7
2	5	3
4	7	
3	9	
2		
0		

Bemerkung: Um optimale Bedingungen für die Auswertung zu schaffen, hätte man hier bei der Einteilung der Patienten besser jeder Gruppe gleich viele Patienten, also 10, zugeteilt. Auf diese Weise erhält der Test maximale Effizienz. Zudem ist bei komplexeren Modellen mit mehreren Einflussfaktoren die Auswertung sehr viel schwieriger, falls die Stichprobenumfänge verschieden sind (unausgewogener Versuchsplan).

38 Häufig angekreuzte Zahlenkombinationen in zwei Wettbewerben

Quelle

H. Riedwyl, Zahlenlotto, Verlag P. Haupt, 1990.

Daten

Eine Auswertung der Wochenscheine der 6. Ziehung 1990 (kurz 06/90) des schweizerischen Zahlenlottos liefert u.a., dass einige Tips sich einer besonderen Beliebtheit erfreuen, während andere nur selten gewählt werden. In untenstehender Tabelle findet man zu 30 ausgewählten beliebten Tips die Häufigkeiten, mit denen diese Zahlenkombinationen für die Ziehung 06/90 abgegeben wurden. Zum Vergleich sind die Häufigkeiten derselben Zahlenkombinationen des Wettbewerbes 10/87 angegeben.

Tip	06/90	10/87	Tip	06/90	10/87
1, 2, 3, 4, 5, 6	10 637	3 345	7, 14, 21, 28, 35, 42	17 913	5 392
1, 7, 13, 19, 25, 31	6 586	2 251	8, 14, 20, 26, 32, 38	2 216	638
1, 8, 15, 22, 29, 36	24 009	6 320	9, 15, 21, 27, 33, 39	4 904	1 175
1, 10, 20, 30, 40, 45	1 936	676	10, 16, 22, 28, 34, 40	3 821	1 047
2, 4, 6, 8, 10, 12	1 926	556	11, 17, 23, 29, 35, 41	2 152	573
2, 8, 14, 20, 26, 32	4 414	1 514	12, 17, 22, 27, 32, 37	10 170	2 520
3, 9, 15, 21, 27, 33	11 297	3 309	12, 18, 24, 30, 36, 42	2 846	813
4, 8, 12, 16, 20, 24	1 527	565	13, 14, 15, 16, 17, 18	3 461	1 566
4, 10, 16, 22, 28, 34	8 147	2 453	13, 19, 25, 31, 37, 43	2 190	544
5, 10, 15, 20, 25, 30	3 162	1 241	15, 21, 27, 33, 39, 40	3 009	714
5, 11, 17, 23, 29, 35	4 528	1 621	18, 23, 28, 33, 38, 43	8 354	1 955
6, 11, 16, 21, 26, 31	24 120	6 380	19, 20, 21, 22, 23, 24	3 783	1 549
6, 12, 18, 24, 30, 36	8 663	3 048	25, 26, 27, 28, 29, 30	3 291	1 443
7, 8, 9, 10, 11, 12	2 909	1 341	31, 32, 33, 34, 35, 36	3 198	1 238
7, 13, 19, 25, 31, 37	3 032	1 106	37, 38, 39, 40, 41, 42	2 849	1 078

Bemerkung: Es wurden nur solche Tips ausgewählt, deren Beliebtheit in der Ziehung 06/90 nicht durch ein während der drei letzten Jahren auftretendes Ereignis (wie z.B. Ziehung der Vorwoche oder des Vorjahres) erklärt werden kann. Ohne eine solche Einschränkung würden die Daten nicht in einem linearen Zusammenhang stehen. So wurde z.B. die im Wettbewerb 10/87 noch unscheinbare Kombination 8, 14, 17, 25, 31, 36 in der Ziehung 06/90 zum bevorzugten Tip (Häufigkeit 12 008), denn dies sind die Gewinnzahlen der vorangehenden Ziehung 05/90.

Fragestellung

Was lässt sich über die Tipbeliebtheit in den zwei Wettbewerben 10/87 und 06/90 aussagen?

39 Die Wirkung eines den Blutdruck senkenden Medikaments

Quelle

J. Hüsler/H. Zimmermann, Statistische Prinzipien für medizinische Projekte, Verlag H. Huber, Bern, 1993.

Fragestellung

Wir untersuchen die Wirkung eines Medikaments, das während einer bestimmten Operation eingesetzt wird. Man beobachtet bei $n = 53$ Patienten die zwei unabhängigen Variablen Dosis des Medikaments (in mg), das während der Operation verwendet wurde, und den mittleren systolischen Blutdruck (in mmHg) im Verlauf der Operation, den das Medikament senken sollte. Als abhängige Variable betrachten wir die Erholungszeit, d.h. die Zeit in Minuten nach Absetzen des Medikaments bis zum Erreichen eines systolischen Blutdrucks von 100 mmHg.

Daten

Dosis	Druck	Zeit	Dosis	Druck	Zeit
182	66	7	251	70	14
65	52	10	501	73	39
60	72	18	79	56	28
35	67	4	603	83	12
115	69	10	186	67	60
55	71	13	55	84	10
363	88	21	417	68	60
195	68	12	63	64	22
63	59	9	65	60	21
209	73	65	38	62	14
100	68	20	257	76	4
76	58	31	45	60	27
15	61	23	174	60	26
120	68	22	50	59	28
50	69	13	282	84	15
55	55	9	52	66	8
79	67	50	234	68	46
62	67	12	170	65	24
129	68	11	83	69	12
52	59	8	98	72	25
55	68	26	98	63	45
40	63	16	224	56	72
141	65	23	63	70	25
182	72	7	229	69	28
45	58	11	39	60	10
43	69	8	126	51	25
63	61	44			

40 Weltcupabfahrt Chamonix

Daten

Bei der Weltcupabfahrt vom 29. Januar 1994 in Chamonix wurden die Zeiten von sechs Teilstücken gemessen. Es werden hier zwei Fahrer weggelassen, deren Zeiten weit über denjenigen der anderen Konkurrenten lagen.

Start-nr.	Name des Fahrers	Zeiten für die Teilstücke 1.	2.	3.	4.	5.	6.	totale Zeit
1	Colturi	17.79	32.47	19.73	21.65	14.91	12.41	118.96
2	Podivinsky	17.52	32.67	19.75	21.80	15.46	12.30	119.50
3	Cavegn	17.48	32.25	19.92	22.01	15.15	12.64	119.45
4	Cretier	17.61	32.07	19.59	21.67	15.35	12.40	118.69
5	Heinzer	17.71	32.38	20.00	22.10	15.18	12.34	119.71
6	Hoeflehner	17.79	32.03	19.87	21.64	15.20	12.42	118.95
7	Rey	17.79	32.74	20.21	22.56	15.81	12.74	121.85
8	Ple	17.74	32.10	20.09	22.25	15.56	12.40	120.14
9	Foser	17.76	32.62	20.17	22.32	15.78	12.75	121.40
10	Socher	17.69	32.41	20.17	22.19	15.66	12.13	120.25
11	Franz	17.81	32.91	20.28	22.37	15.46	12.54	121.37
12	Gigandet	17.86	32.68	19.90	22.04	15.29	12.57	120.34
13	Kjus	17.67	32.46	20.19	22.33	15.23	12.12	120.00
14	Thorsen	17.73	32.58	20.18	22.31	15.17	12.52	120.49
15	Wasmeier	17.74	32.73	19.93	21.77	15.58	13.08	120.83
16	Aamoth	17.61	31.84	19.80	21.74	15.23	12.13	118.35
17	Alphan	17.78	32.61	19.65	21.54	15.40	12.22	119.20
18	Mader	17.89	32.63	20.38	22.30	15.66	12.23	121.09
19	Ghedina	17.91	32.42	20.16	22.33	15.38	12.33	120.53
20	Mullen	17.68	32.24	19.96	22.06	15.44	12.79	120.17
21	Moe	17.86	32.72	19.98	21.90	15.19	11.98	119.63
22	Vitalini	17.74	32.54	19.83	21.98	15.34	12.35	119.78
23	Runggaldier	17.84	32.56	20.42	22.29	15.24	12.20	120.55
24	Assinger	17.71	32.41	20.09	22.37	15.18	12.23	119.99
25	Trinkl	17.80	32.23	19.77	21.93	14.95	12.19	118.87
26	Mahrer	17.62	32.37	19.95	21.93	15.06	12.60	119.53
27	Skaardal	17.69	32.77	20.03	21.95	15.03	12.04	119.51
28	Besse	17.67	32.40	19.78	21.69	14.94	12.58	119.06
29	Ortlieb	17.83	32.91	19.76	21.56	15.12	12.23	119.41
30	Girardelli	17.75	32.93	19.75	21.61	14.94	12.40	119.38
31	Piccard	17.94	33.12	20.53	22.22	15.32	12.60	121.73
32	Locher	18.06	33.54	20.33	22.24	15.62	12.66	122.45

Start-nr.	Name des Fahrers	Zeiten für die Teilstücke 1.	2.	3.	4.	5.	6.	totale Zeit
33	Lichtenegger	18.28	33.29	20.91	22.99	15.32	12.70	123.49
34	Arnesen	18.21	32.99	20.30	21.75	15.09	12.78	121.12
35	Sauder	18.10	33.10	20.49	21.94	15.38	12.42	121.43
36	Thorburn	18.18	33.29	20.31	22.24	15.41	12.47	121.90
37	Rasmussen	17.78	32.42	19.84	21.88	15.17	12.60	119.69
38	Pretot	18.11	33.27	20.40	22.08	15.61	12.76	122.23
39	Linberg	17.92	32.82	20.23	21.76	15.26	12.41	120.40
40	Bell M.	17.89	33.02	20.32	21.98	15.33	12.85	121.39
41	Cattaneo	17.91	32.78	20.18	22.31	15.33	12.81	121.32
42	Martin	17.98	32.80	20.20	21.93	14.97	12.38	120.26
43	Finance	17.83	33.04	20.07	22.02	15.39	13.09	121.44
44	Olson	17.84	32.97	20.40	22.37	15.66	12.73	121.97
45	Huber	17.97	33.32	20.38	22.03	15.39	12.26	121.35
46	Fournier	18.30	33.32	20.65	22.29	16.09	12.37	123.02
47	Colturi	18.33	33.18	20.40	21.95	15.41	12.34	121.61
48	Torn	18.10	32.84	20.27	22.23	15.25	12.87	121.56
49	Bell G.	18.00	33.28	20.56	22.56	15.10	12.63	122.13
50	Burtin	18.04	32.90	20.39	22.08	14.93	12.13	120.47
51	Mealey	18.63	33.99	21.10	22.86	16.12	12.78	125.48
52	Schiele	18.14	32.96	20.79	22.41	15.65	12.79	122.74
53	Hellerud	18.25	33.27	20.17	22.28	15.16	12.52	121.65
54	Fivel	18.21	33.35	20.52	22.19	15.21	12.69	122.17
55	Fattori	18.36	33.23	20.39	22.42	15.37	12.25	122.02
56	Thrasher	17.93	33.51	20.16	21.91	15.78	12.70	121.99
57	Strand Nilsen	18.08	33.33	20.18	22.19	15.47	12.86	122.11
58	De Mattia	17.99	32.99	20.06	21.96	15.60	12.76	121.36
59	Smith	18.00	33.27	20.78	23.06	15.74	12.98	123.83
60	Strobl	18.23	34.37	20.89	22.91	15.70	12.45	124.55
61	Hangl	18.50	33.48	20.55	22.25	15.27	12.49	122.54
62	Schranzhofer	18.34	33.49	20.42	22.03	15.29	12.44	122.01
63	Sulliger	18.11	33.53	20.63	22.47	15.44	12.80	122.98
64	Leskinen	18.07	33.16	20.50	22.11	15.35	12.42	121.61
65	Linneberg	18.30	33.39	20.41	22.49	15.48	12.98	123.05
66	Llorach	18.18	33.08	20.39	22.43	15.76	12.81	122.65
67	Mendes	18.43	33.34	20.96	22.83	15.83	12.74	124.13
68	Raine	18.22	33.64	21.09	23.13	16.05	12.82	124.95
69	Kolotvin	18.49	34.76	20.92	22.61	15.83	13.01	125.62

Problemstellung

Man führe eine Faktorenanalyse auf den sechs Teilzeiten durch. Als Zahl der Faktoren soll drei gewählt werden.

41 Echte und gefälschte Banknoten

Quelle

B. Flury/H. Riedwyl, Multivariate Statistics: a Practical Approach, Chapman and Hall, London, 1988.

Daten

Von 200 alten Schweizer 1000 Franken–Banknoten –100 echt und 100 gefälscht– wurden folgende Masse ermittelt (vgl. *Abb. 41a*):

1. Die Länge der Note
2. Die Höhe am linken Bildrand
3. Die Höhe am rechten Bildrand
4. Die Höhe des unteren Randes
5. Die Höhe des oberen Randes
6. Die Länge der Diagonalen im Bild

Die entsprechenden Variablen werden im folgenden mit x_1 bis x_6 bezeichnet.

Echte Noten:

x_1	x_2	x_3	x_4	x_5	x_6
214.8	131.0	131.1	9.0	9.7	141.0
214.6	129.7	129.7	8.1	9.5	141.7
214.8	129.7	129.7	8.7	9.6	142.2
214.8	129.7	129.6	7.5	10.4	142.0
215.0	129.6	129.7	10.4	7.7	141.8
215.7	130.8	130.5	9.0	10.1	141.4
215.5	129.5	129.7	7.9	9.6	141.6
214.5	129.6	129.2	7.2	10.7	141.7
214.9	129.4	129.7	8.2	11.0	141.9
215.2	130.4	130.3	9.2	10.0	140.7
215.3	130.4	130.3	7.9	11.7	141.8
215.1	129.5	129.6	7.7	10.5	142.2
215.2	130.8	129.6	7.9	10.8	141.4
214.7	129.7	129.7	7.7	10.9	141.7
215.1	129.9	129.7	7.7	10.8	141.8
214.5	129.8	129.8	9.3	8.5	141.6
214.6	129.9	130.1	8.2	9.8	141.7
215.0	129.9	129.7	9.0	9.0	141.9
215.2	129.6	129.6	7.4	11.5	141.5
214.7	130.2	129.9	8.6	10.0	141.9
215.0	129.9	129.3	8.4	10.0	141.4
215.6	130.5	130.0	8.1	10.3	141.6
215.3	130.6	130.0	8.4	10.8	141.5
215.7	130.2	130.0	8.7	10.0	141.6
215.1	129.7	129.9	7.4	10.8	141.1

x_1	x_2	x_3	x_4	x_5	x_6
215.5	130.2	130.1	8.9	9.8	142.4
215.1	130.3	130.3	9.8	9.5	141.9
215.1	130.0	130.0	7.4	10.5	141.8
214.8	129.7	129.3	8.3	9.0	142.0
215.2	130.1	129.8	7.9	10.7	141.8
214.8	129.7	129.7	8.6	9.1	142.3
215.0	130.0	129.6	7.7	10.5	140.7
215.6	130.4	130.1	8.4	10.3	141.0
215.9	130.4	130.0	8.9	10.6	141.4
214.6	130.2	130.2	9.4	9.7	141.8
215.5	130.3	130.0	8.4	9.7	141.8
215.3	129.9	129.4	7.9	10.0	142.0
215.3	130.3	130.1	8.5	9.3	142.1
213.9	130.3	129.0	8.1	9.7	141.3
214.4	129.8	129.2	8.9	9.4	142.3
214.8	130.1	129.6	8.8	9.9	140.9
214.9	129.6	129.4	9.3	9.0	141.7
214.9	130.4	129.7	9.0	9.8	140.9
214.8	129.4	129.1	8.2	10.2	141.0
214.3	129.5	129.4	8.3	10.2	141.8
214.8	129.9	129.7	8.3	10.2	141.5
214.8	129.9	129.7	7.3	10.9	142.0
214.6	129.7	129.8	7.9	10.3	141.1
214.5	129.0	129.6	7.8	9.8	142.0
214.6	129.8	129.4	7.2	10.0	141.3

x_1	x_2	x_3	x_4	x_5	x_6
215.3	130.4	130.4	8.0	11.0	142.3
214.5	130.1	130.0	7.8	10.9	140.9
215.4	130.2	130.2	7.6	10.9	141.6
214.5	129.4	129.5	7.9	10.0	141.4
215.2	129.7	129.4	9.2	9.4	142.0
215.7	130.0	129.4	9.2	10.4	141.2
215.0	129.6	129.4	8.8	9.0	141.1
215.1	130.1	129.9	7.9	11.0	141.3
215.1	130.0	129.8	8.2	10.3	141.4
215.1	129.6	129.3	8.3	9.9	141.6
215.3	129.7	129.4	7.5	10.5	141.5
215.4	129.8	129.4	8.0	10.6	141.5
214.5	130.0	129.5	8.0	10.8	141.4
215.0	130.0	129.8	8.6	10.6	141.5
215.2	130.6	130.0	8.8	10.6	140.8
214.6	129.5	129.2	7.7	10.3	141.3
214.8	129.7	129.3	9.1	9.5	141.5
215.1	129.6	129.8	8.6	9.8	141.8
214.9	130.2	130.2	8.0	11.2	139.6
213.8	129.8	129.5	8.4	11.1	140.9
215.2	129.9	129.5	8.2	10.3	141.4
215.0	129.6	130.2	8.7	10.0	141.2
214.4	129.9	129.6	7.5	10.5	141.8
215.2	129.9	129.7	7.2	10.6	142.1
214.1	129.6	129.3	7.6	10.7	141.7

x_1	x_2	x_3	x_4	x_5	x_6
215.3	130.6	130.0	9.5	9.7	141.1
214.9	129.9	130.1	8.8	10.0	141.2
214.6	129.8	129.4	7.4	10.6	141.0
215.2	130.5	129.8	7.9	10.9	140.9
214.6	129.9	129.4	7.9	10.0	141.8
215.1	129.7	129.7	8.6	10.3	140.6
214.9	129.8	129.6	7.5	10.3	141.0
215.2	129.7	129.1	9.0	9.7	141.9
215.2	130.1	129.9	7.9	10.8	141.3
215.4	130.7	130.2	9.0	11.1	141.2
215.1	129.9	129.6	8.9	10.2	141.5
215.2	129.9	129.7	8.7	9.5	141.6
215.0	129.6	129.2	8.4	10.2	142.1
214.9	130.3	129.9	7.4	11.2	141.5
215.0	129.9	129.7	8.0	10.5	142.0
214.7	129.7	129.3	8.6	9.6	141.6
215.4	130.0	129.9	8.5	9.7	141.4
214.9	129.4	129.5	8.2	9.9	141.5
214.5	129.5	129.3	7.4	10.7	141.5
214.7	129.6	129.5	8.3	10.0	142.0
215.6	129.9	129.9	9.0	9.5	141.7
215.0	130.4	130.3	9.1	10.2	141.1
214.4	129.7	129.5	8.0	10.3	141.2
215.1	130.0	129.8	9.1	10.2	141.5
214.7	130.0	129.4	7.8	10.0	141.2

Gefälschte Noten:

x_1	x_2	x_3	x_4	x_5	x_6
214.4	130.1	130.3	9.7	11.7	139.8
214.9	130.5	130.2	11.0	11.5	139.5
214.9	130.3	130.1	8.7	11.7	140.2
215.0	130.4	130.6	9.9	10.9	140.3
214.7	130.2	130.3	11.8	10.9	139.7
215.0	130.2	130.2	10.6	10.7	139.9
215.3	130.3	130.1	9.3	12.1	140.2
214.8	130.1	130.4	9.8	11.5	139.9
215.0	130.2	129.9	10.0	11.9	139.4
215.2	130.6	130.8	10.4	11.2	140.3
215.2	130.4	130.3	8.0	11.5	139.2
215.1	130.5	130.3	10.6	11.5	140.1
215.4	130.7	131.1	9.7	11.8	140.6
214.9	130.4	129.9	11.4	11.0	139.9
215.1	130.3	130.0	10.6	10.8	139.7
215.5	130.4	130.0	8.2	11.2	139.2
214.7	130.6	130.1	11.8	10.5	139.8
214.7	130.4	130.1	12.1	10.4	139.9
214.8	130.5	130.2	11.0	11.0	140.0
214.4	130.2	129.9	10.1	12.0	139.2
214.8	130.3	130.4	10.1	12.1	139.6
215.1	130.6	130.3	12.3	10.2	139.6
215.3	130.8	131.1	11.6	10.6	140.2
215.1	130.7	130.4	10.5	11.2	139.7

x_1	x_2	x_3	x_4	x_5	x_6
214.9	130.3	129.9	11.9	10.6	139.8
214.6	129.9	129.7	11.9	10.1	139.0
214.6	129.7	129.3	10.4	11.0	139.3
214.5	130.1	130.1	12.1	10.3	139.4
214.5	130.3	130.0	11.0	11.5	139.5
215.1	130.0	130.3	11.6	10.5	139.7
214.2	129.7	129.6	10.3	11.4	139.5
214.4	130.1	130.0	11.3	10.7	139.2
214.8	130.4	130.6	12.5	10.0	139.3
214.6	130.6	130.1	8.1	12.1	137.9
215.6	130.1	129.7	7.4	12.2	138.4
214.9	130.5	130.1	9.9	10.2	138.1
214.6	130.1	130.0	11.5	10.6	139.5
214.7	130.1	130.2	11.6	10.9	139.1
214.3	130.3	130.0	11.4	10.5	139.8
215.1	130.3	130.6	10.3	12.0	139.7
216.3	130.7	130.4	10.0	10.1	138.8
215.6	130.4	130.1	9.6	11.2	138.6
214.8	129.9	129.8	9.6	12.0	139.6
214.9	130.0	129.9	11.4	10.9	139.7
213.9	130.7	130.5	8.7	11.5	137.8
214.2	130.6	130.4	12.0	10.2	139.6
214.8	130.5	130.3	11.8	10.5	139.4
214.8	129.6	130.0	10.4	11.6	139.2

x_1	x_2	x_3	x_4	x_5	x_6
214.7	130.5	130.5	9.9	10.3	140.1
214.9	130.0	130.3	10.2	11.4	139.6
215.0	130.4	130.4	9.4	11.6	140.2
215.5	130.7	130.3	10.2	11.8	140.0
215.1	130.2	130.2	10.1	11.3	140.3
214.5	130.2	130.6	9.8	12.1	139.9
214.3	130.2	130.0	10.7	10.5	139.8
214.5	130.2	129.8	12.3	11.2	139.2
214.9	130.5	130.2	10.6	11.5	139.9
214.6	130.2	130.4	10.5	11.8	139.7
214.2	130.0	130.2	11.0	11.2	139.5
214.8	130.1	130.1	11.9	11.1	139.5
214.6	129.8	130.2	10.7	11.1	139.4
214.9	130.7	130.3	9.3	11.2	138.3
214.6	130.4	130.4	11.3	10.8	139.8
214.5	130.5	130.2	11.8	10.2	139.6
214.8	130.2	130.3	10.0	11.9	139.3
214.7	130.0	129.4	10.2	11.0	139.2
214.6	130.2	130.4	11.2	10.7	139.9
215.0	130.5	130.4	10.6	11.1	139.9
214.5	129.8	129.8	11.4	10.0	139.3
214.9	130.6	130.4	11.9	10.5	139.8
215.0	130.5	130.4	11.4	10.7	139.9
215.3	130.6	130.3	9.3	11.3	138.1
214.7	130.2	130.1	10.7	11.0	139.4
214.9	129.9	130.0	9.9	12.3	139.4

x_1	x_2	x_3	x_4	x_5	x_6
214.8	130.1	130.0	11.4	10.5	139.6
214.9	130.4	130.2	11.9	10.7	139.0
214.3	130.1	130.1	11.6	10.5	139.7
214.5	130.4	130.0	9.9	12.0	139.6
214.8	130.5	130.3	10.2	12.1	139.1
214.5	130.2	130.4	8.2	11.8	137.8
215.0	130.4	130.1	11.4	10.7	139.1
214.8	130.6	130.6	8.0	11.4	138.7
215.0	130.5	130.1	11.0	11.4	139.3
214.6	130.5	130.4	10.1	11.4	139.3
214.7	130.2	130.1	10.7	11.1	139.5
214.7	130.4	130.0	11.5	10.7	139.4
214.5	130.4	130.0	8.0	12.2	138.5
214.8	130.0	129.7	11.4	10.6	139.2
214.8	129.9	130.2	9.6	11.9	139.4
214.6	130.3	130.2	12.7	9.1	139.2
215.1	130.2	129.8	10.2	12.0	139.4
215.4	130.5	130.6	8.8	11.0	138.6
214.7	130.3	130.2	10.8	11.1	139.2
215.0	130.5	130.3	9.6	11.0	138.5
214.9	130.3	130.5	11.6	10.6	139.8
215.0	130.4	130.3	9.9	12.1	139.6
215.1	130.3	129.9	10.3	11.5	139.7
214.8	130.3	130.4	10.6	11.1	140.0
214.7	130.7	130.8	11.2	11.2	139.4
214.3	129.9	129.9	10.2	11.5	139.6

Fragestellung

Man vergleiche die beiden Gruppen von Banknoten mittels einer Diskriminanzanalyse. Sind die Fälschungen anhand der Variablen x_1 bis x_6 gut von echten Noten unterscheidbar ?

Abbildung 41a

Zweiter Teil:

Lösungsvorschläge

1 Lösungsvorschlag zum Beispiel Körpergrösse und Gewicht

Die *Abbildungen 1a* und *1b* weisen dieselbe Achsenskala auf, wodurch gut zu erkennen ist, dass die untersuchten Männer generell grösser und schwerer waren als die Frauen. Die jeweiligen Regressionsgeraden lauten

$$\underset{}{\mathit{Gewicht}} = \underset{(27.563)}{-79.779} + \underset{(0.16738)}{0.83897} \cdot \mathit{Grösse}$$

bei den Frauen und

$$\mathit{Gewicht} = \underset{(26.703)}{-56.450} + \underset{(0.14919)}{0.71052} \cdot \mathit{Grösse}$$

bei den Männern. Sie scheinen sich im relevanten Bereich nicht allzu sehr zu unterscheiden. Wir werden nun versuchen, diesen Eindruck statistisch zu untermauern oder zu widerlegen.
Um die beiden Geraden mit den Standardmethoden der Regressionsanalyse vergleichen zu können, müssen wir die zusätzliche Voraussetzung identischer Variabilität der Residuen einführen. Wie aus den Abbildungen ersichtlich ist, scheint diese Annahme hier keineswegs abwegig. Die Parameterschätzungen sind von diesem Eingriff nicht betroffen, deren Standardabweichungen müssen jedoch neu berechnet werden:

- Frauen:

$$\mathit{Gewicht} = \underset{(25.486)}{-79.779} + \underset{(0.15476)}{0.83897} \cdot \mathit{Grösse}$$

- Männer:

$$\mathit{Gewicht} = \underset{(28.648)}{-56.450} + \underset{(0.16006)}{0.71052} \cdot \mathit{Grösse}$$

Es interessiert uns, ob die beiden Geraden dieselbe Steigung besitzen, d.h. ob je zwei Frauen und Männer bei gleicher Differenz bezüglich der Körpergrösse auch etwa den gleichen Gewichtsunterschied aufweisen. Dazu formulieren wir die Nullhypothese

$$H_0 : \textit{Regressionsgeraden parallel.}$$

Wir führen einen F–Test durch und finden $F = 0.333$ (1 resp. 133 FG), was einem p–Wert von 0.56 entspricht. Es besteht also kein Grund zur Ablehnung von H_0, und wir finden, unter Mitberücksichtigung der Parallelität:

- Frauen:

$$\mathit{Gewicht} = \underset{(18.286)}{-69.564} + \underset{(0.11098)}{0.77690} \cdot \mathit{Grösse}$$

- Männer:

$$\mathit{Gewicht} = \underset{(19.872)}{-68.328} + \underset{(0.11098)}{0.77690} \cdot \mathit{Grösse}$$

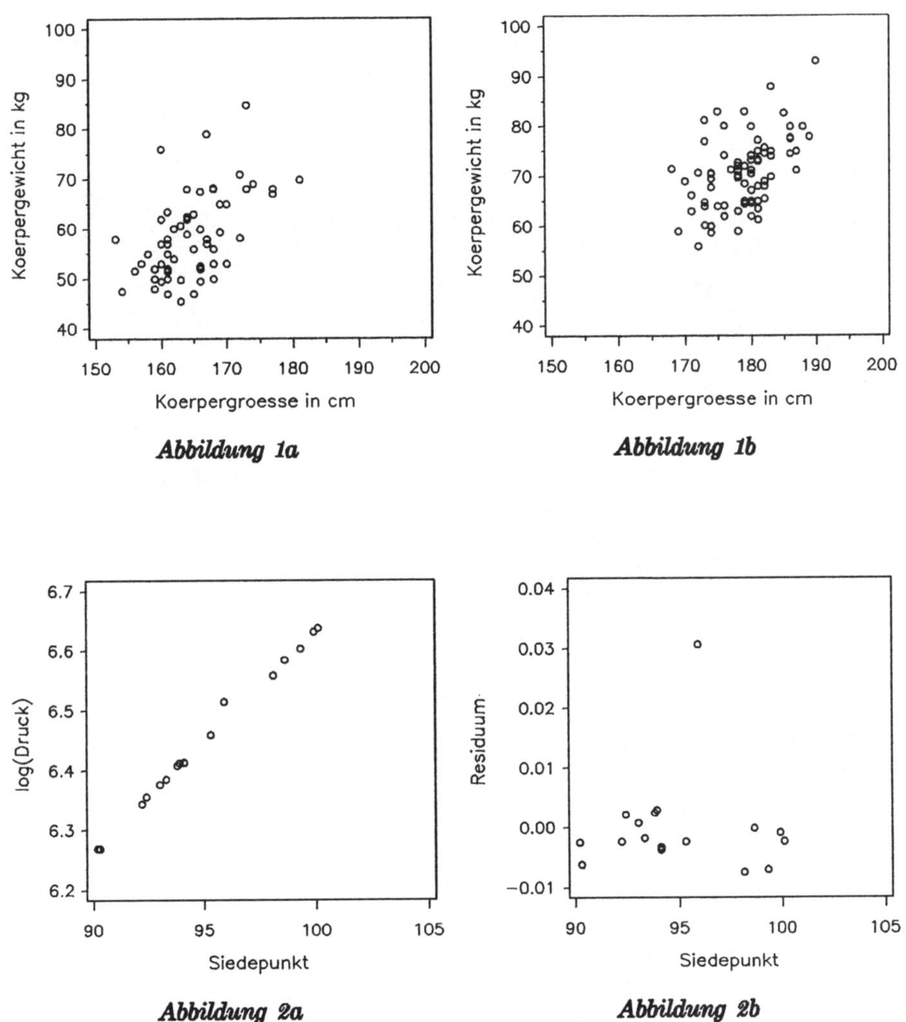

Abbildung 1a

Abbildung 1b

Abbildung 2a

Abbildung 2b

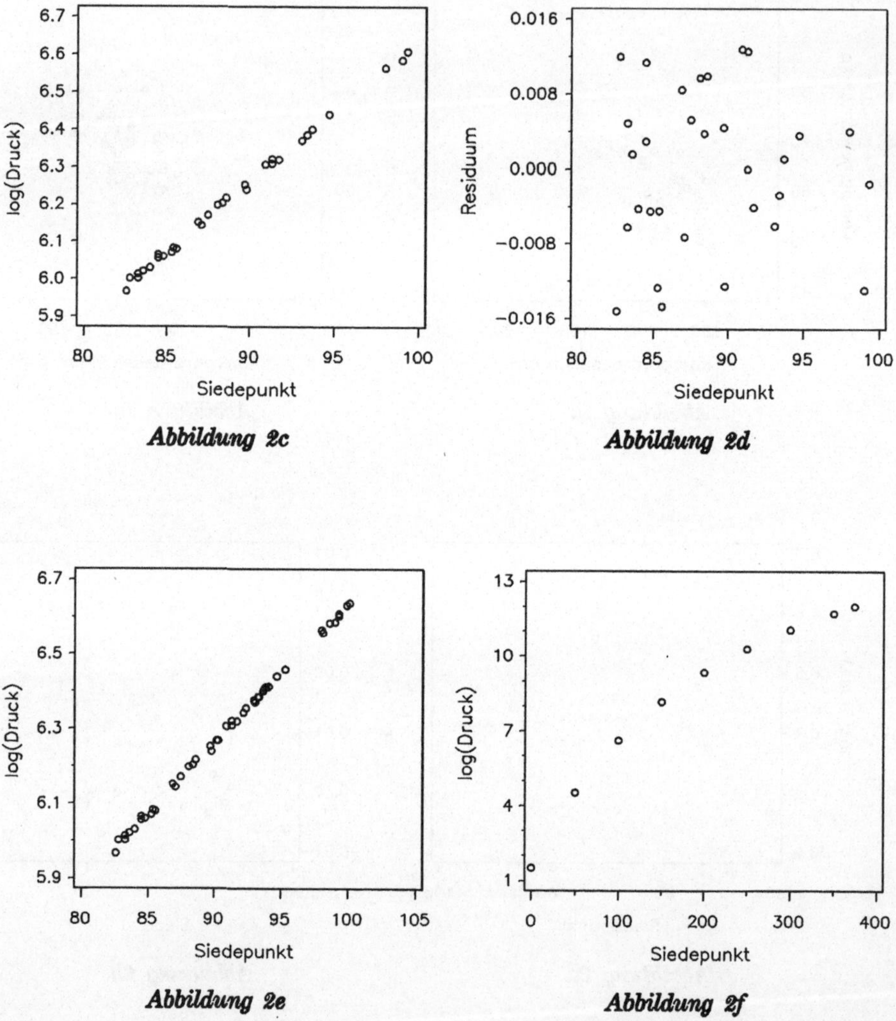

Abbildung 2c

Abbildung 2d

Abbildung 2e

Abbildung 2f

Es stellt sich jetzt die Frage, ob man den Zusammenhang zwischen Grösse und Gewicht nicht in einer Gleichung für beide Geschlechter beschreiben kann. Dieses Problem verfolgen wir nun, indem wir folgende Nullhypothese testen:

$$H_0 : \textit{Achsenabschnitte identisch.}$$

Denn zwei Geraden, die sowohl in ihrer Steigung als auch in ihrer Nullpunktsordinate übereinstimmen, überlagern sich gezwungenermassen. Wieder ist ein F–Test angebracht, und auch hier können wir die Nullhypothese nicht verwerfen: $F = 0.394$ bei einem und 134 Freiheitsgraden liefert einen p–Wert weit über 5%, nämlich 0.53. Somit hat keine der beiden Gruppen gemessen an der Körpergrösse ein höheres Gewicht.

Als gemeinsame Relation zwischen den beiden Messgrössen für beide Geschlechter finden wir:

$$\mathit{Gewicht} = \underset{(11.249)}{-78.605} + \underset{(0.06508)}{0.83329} \cdot \mathit{Grösse}$$

Ein wichtiger Bestandteil jeder Regressionsanalyse wurde bisher in diesem Lösungsvorschlag völlig vernachlässigt: die Analyse der Residuen. Da wir das Schwergewicht im vorliegenden Lösungsvorschlag auf den Vergleich zweier Regressionsgeraden legen wollen, sei diese Problematik nur am Rande erwähnt, was keinesfalls heissen soll, ihr komme keine oder nur geringe Bedeutung zu. Es liegen einzig in der Gruppe der Frauen drei Beobachtungen mit auffällig grossen Residuen vor (in *Abb. 1a* gut zu erkennen). Man kann die oben durchgeführten Tests ohne Berücksichtigung dieser Fälle wiederholen, was zu denselben Resultaten führt (natürlich bei leicht abweichenden Schätzwerten). Ansonsten verhalten sich die Residuen im Rahmen der üblichen Modellvoraussetzungen.

2 Lösungsvorschlag zum Beispiel Siedepunkt von Wasser

1. • Forbes:
   Nach einer log–Transformation der abhängigen Variable "Druck" zeigen das Punktediagramm *(Abb. 2a)* und der dazugehörige Residualplot *(Abb. 2b)*, dass die Voraussetzungen für eine einfache lineare Regression gegeben sind, denn die Punkte liegen annähernd auf einer Geraden (bis auf die Beobachtung Nr. 12) und die Residuen der transformierten Daten zeigen ein zufälliges Muster (Residuen als Funktion der unabhängigen Variablen "Siedepunkt"). Die Methode der kleinsten Quadrate liefert:

   $$\log(\mathit{Druck}) = \underset{(0.0653)}{2.9136} + \underset{(0.00069)}{0.03723} \cdot \mathit{Siedepunkt}$$

   Lässt man die 12. Beobachtung aus, weil man z.B. einen Messfehler vermutet, so ergibt dies wie erwartet zwar nur eine kleine

Veränderung der Parameter, jedoch eine starke Verkleinerung der Standardabweichung:

$$\log(\mathit{Druck}) = \underset{(0.0242)}{2.9295} + \underset{(0.00025)}{0.03704} \cdot \mathit{Siedepunkt}$$

- Hooker:
  Wie oben führt eine ln–Transformation der abhängigen Variable "Druck" zu einer zufriedenstellenden linearen Beziehung *(Abb. 2c)* mit dem Residualplot in *Abbildung 2d.* Hier ist kein Wert vorhanden, bei dem Unregelmässigkeiten bei der Datenerhebung angenommen werden können. Die Regressionsgleichung mit den Kleinstquadrat–Schätzern lautet:

$$\log(\mathit{Druck}) = \underset{(0.0287)}{2.8762} + \underset{(0.00032)}{0.03761} \cdot \mathit{Siedepunkt}$$

2. Für einen Vergleich untersucht man die beiden aus Hookers– und aus Forbes–Messungen (ohne die zwölfte Beobachtung) erhaltenen Regressionsgeraden auf Parallelität, und falls diese postuliert werden kann, testet man, ob der Abstand zwischen den parallelen Regressionsgeraden von Null verschieden ist. Der kleine F–Wert für Nichtparallelität ($F = 0.80$, 1 und 43 Freiheitsgrade) bestärkt die Annahme, dass die beiden Regressionsgeraden parallel sind. Die beiden Regressionsbeziehungen lauten neu:
   Nach Hooker:

$$\log(\mathit{Druck}) = 2.88561 + 0.03750 \cdot \mathit{Siedepunkt}$$

   Nach Forbes:

$$\log(\mathit{Druck}) = 2.88566 + 0.03750 \cdot \mathit{Siedepunkt}$$

   Der F–Wert für $\alpha_1 \neq \alpha_2$ ist mit $F < 0.001$ (1 bzw. 44 Freiheitsgrade) sehr klein und motiviert zur Annahme, dass die beiden erhaltenen Zusammenhänge zwischen Druck und Siedepunkt genügend genau durch eine gemeinsame Regressionsgerade beschrieben werden können (vgl. gemeinsame Daten in *Abb. 2e*):

$$\log(\mathit{Druck}) = \underset{(0.0184)}{2.8854} + \underset{(0.00020)}{0.03750} \cdot \mathit{Siedepunkt}$$

   Die so geschätzten Druckwerte bei Siedepunkten von 90° und 100° Celsius stimmen recht gut mit den heute bekannten Werten überein:

$$\log(\mathit{Druck}) = 2.885382 + 0.037506 \cdot 90^\circ \rightarrow \mathit{Druck} = 523.70 \text{ (exakt: 528.88)}$$
$$\log(\mathit{Druck}) = 2.885382 + 0.037506 \cdot 100^\circ \rightarrow \mathit{Druck} = 762.03 \text{ (exakt: 760.0)}$$

Ein Vergleich mit den heute bekannten Werten zeigt, dass der lineare Zusammenhang zwischen log(Druck) und Siedepunkt in dem hier untersuchten Bereich von 80°–100° Celsius zwar gerechtfertigt sein mag, aber eine Extrapolation äusserst gefährlich wird, da sich die Regressionsbeziehung ausserhalb des Beobachtungsbereichs von Forbes und Hooker als nicht mehr linear erweist, wie aus *Abbildung 2f* ersichtlich wird. (Für Daten vgl. z.B. D. E. Gray, American Institute of Physics Handbook, McGraw-Hill, New York).

3 Lösungsvorschlag zum Beispiel Kuckuckseier

Abbildung 3a zeigt ein Punktediagramm für die drei Gruppen. Es fällt auf, dass die Intervalle der zentralen 50% jeder Teilstichprobe nur wenig überlappen. Dies ist schon ein gewisser Hinweis auf eventuelle Ungleichheit der drei Mittelwerte. Als Schätzungen für die Mittelwerte finden wir

$$\hat{\mu}_{BG} = 23.11, \quad \hat{\mu}_R = 22.56, \quad \hat{\mu}_Z = 21.12.$$

Man formuliert die Nullhypothese $H_0 : \mu_{BG} = \mu_R = \mu_Z$ und findet einen F–Wert von 22.33, der über der 95%–Sicherheitsgrenze von 3.23 bei 2 und 42 Freiheitsgraden liegt. Daraus folgern wir, dass mindestens zwei der Mittelwerte signifikant voneinander abweichen.
Dieses auf den ersten Blick erstaunliche Resultat lässt sich dadurch erklären, dass das Kuckucksweibchen seine Eier meistens in ein Nest derjenigen Vogelart legt, von welcher es selbst aufgezogen wurde. So haben sich die Kuckuckseier mit der Zeit in Farbe, Musterung und Grösse der bevorzugten Wirtsvogelart angepasst.

4 Lösungsvorschlag zum Beispiel Anhalteweg

Die Anhaltestrecke lässt sich in die während der Reaktionszeit zurückgelegte Strecke (Reaktionsweg) und den Bremsweg zerlegen. Aus physikalischen Gesetzen erwarten wir Proportionalität zwischen Reaktionsweg und Fahrgeschwindigkeit sowie zwischen Bremsweg und dem Quadrat der Fahrgeschwindigkeit, so dass als Modell des Mittelwerts der Anhaltestrecke

$$\mu_y(x) = \alpha x + \beta x^2$$

postuliert werden kann, wobei x für die Fahrgeschwindigkeit steht und y für den Anhalteweg. Das Punktediagramm in *Abbildung 4a* lässt erkennen, dass mit Zunahme der Fahrgeschwindigkeit die Standardabweichung etwa proportional anwächst, d.h. wir setzen für den Fehlerterm der i-ten Messung eine Normalverteilung mit Mittelwert 0 und Standardabweichung σx_i, wobei σ noch zu bestimmen ist. Das so erhaltene Modell

$$y_i = \alpha x_i + \beta x_i^2 + \epsilon_i, \quad \epsilon_i \sim N(0, \sigma^2 x_i^2)$$

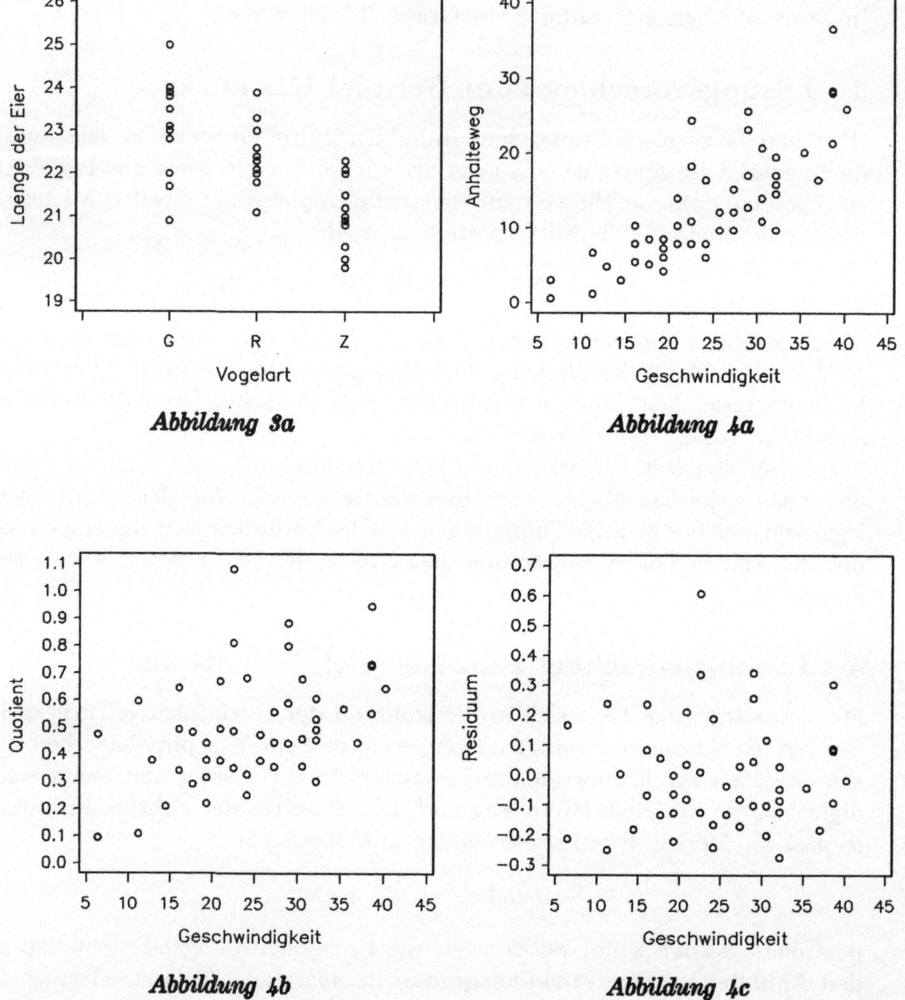

Abbildung 3a

Abbildung 4a

Abbildung 4b

Abbildung 4c

dividieren wir durch x_i und erhalten so

$$\frac{y_i}{x_i} = \alpha + \beta x_i + \epsilon_i', \quad \epsilon_i' \sim N(0, \sigma^2) .$$

Somit diskutieren wir eine Regressionsgerade mit x_i als unabhängige Variable und $\frac{y_i}{x_i}$ als abhängige Variable.

Als Kleinstquadrat–Schätzer finden wir:

$$\hat{\mu}_{Quotient} = \underset{(0.0807)}{0.2381} + \underset{(0.00308)}{0.01051} \; \textit{Geschwindigkeit} .$$

Eine Beobachtung, nämlich das Wertepaar (22.5, 24.4), tanzt etwas aus der Reihe, wie aus *Abbildung 4b* und *4c* ersichtlich ist. Der Bremsweg ist hier länger als aufgrund der restlichen Daten erwartet würde. Um feststellen zu können, ob dieser Wert die Parameterschätzungen wesentlich beeinflusst, rechnen wir unser Modell mit den übrigen 49 Beobachtungen:

$$\hat{\mu}_{Quotient} = \underset{(0.0715)}{0.2157} + \underset{(0.00273)}{0.01091} \; \textit{Geschwindigkeit} .$$

Verglichen mit den Standardabweichungen der Schätzer weichen diese Werte nicht massiv von den oberen ab.

5 Lösungsvorschlag zum Beispiel Katzen

Ein linearer Ansatz ist hier nicht angebracht, denn die wichtige Voraussetzung der Konstanz der Standardabweichung ist nicht gegeben, wie sich aus dem Punktediagramm *(Abb. 5a)* ablesen lässt. Die Varianz der Herzmasse wächst mit zunehmendem Körpergewicht. Nach einer log-log–Transformation kann aus dem Punktediagramm der transformierten Daten *(Abb. 5b)* und dem zugehörigen Residualplot *(Abb. 5c)* geschlossen werden, dass die Voraussetzungen für eine einfache lineare Regression nun gegeben sind. Die Methode der kleinsten Quadrate liefert:

$$\log(\textit{Herzmasse}) = \underset{(0.0491)}{1.3300} + \underset{(0.0500)}{1.0260} \log(\textit{Körpermasse})$$

$$\Longleftrightarrow \quad \textit{Herzmasse} = e^{1.33} \textit{Körpermasse}^{1.03}$$

Die Überprüfung der Hypothese $\beta = 1$ liefert: $F(\beta \neq 1) = 0.27$. Verglichen mit der Sicherheitsgrenze bei Vorgabe einer Sicherheitsschwelle von 5% liegt dieser F–Wert im Annahmebereich, denn das entsprechende 95%–Quantil der

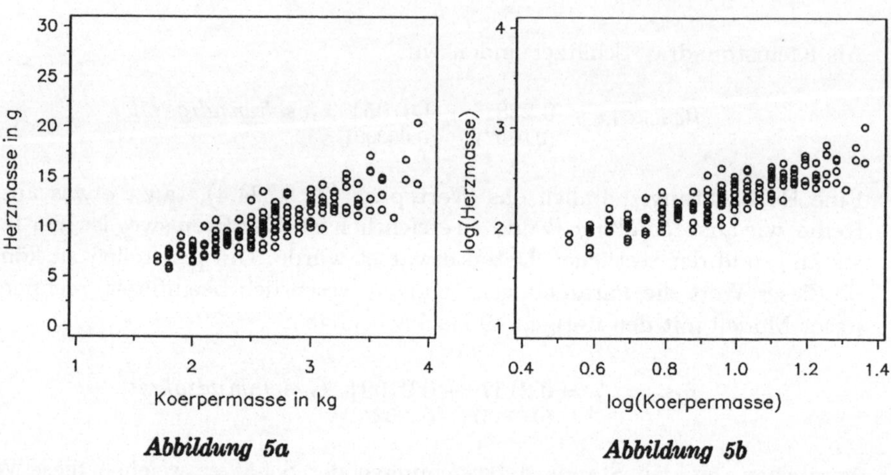

Abbildung 5a

Abbildung 5b

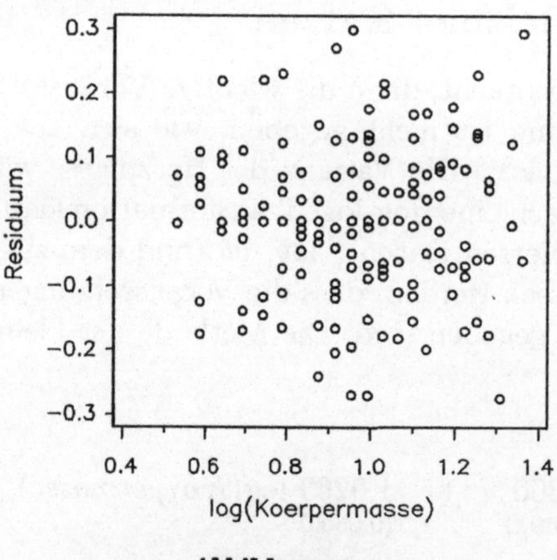

Abbildung 5c

F–Verteilung mit 1 und 147 Freiheitsgraden beträgt rund 3.9. Die vereinfachte transformierte Regressionsbeziehung erlaubt auch folgende Interpretation:

$$\log(\mathit{Herzmasse}) = \underset{(0.0100)}{1.3550} + \log(\mathit{Körpermasse})$$

$$\Longleftrightarrow \frac{d(\mathit{Herzmasse})}{\mathit{Herzmasse}} = \frac{d(\mathit{Körpermasse})}{\mathit{Körpermasse}}$$

Die relative Zunahme der Herzmasse ist somit gleich der relativen Zunahme des Gesamtgewichts, d. h. die Allometriekonstante ist gleich 1.

6 Lösungsvorschlag zum Beispiel 1500m-Rennen

In *Abbildung 6a* sind die Laufzeiten in Abhängigkeit des Jahres abgetragen. Es ist sichtbar, dass eine lineare Beziehung die vorhandene Abhängigkeit nicht ausreichend gut zu beschreiben vermag. Noch deutlicher zu erkennen ist diese Tatsache in *Abbildung 6b*, welche die Residuen aus einer einfachen linearen Regression wiedergibt. Die Residuen weisen einen fallenden Trend auf, und ausserdem ist mit der letzten Beobachtung ein recht grober Ausreisser vorhanden.
Als mögliche Alternative bietet sich in dieser Situation an, den Daten anstelle einer Geraden eine Parabel anzupassen. Dieses Modell lautet dann

$$\mathit{Laufzeit} = \alpha + \beta \cdot \mathit{Jahr} + \gamma \cdot \mathit{Jahr}^2 \quad ,$$

oder, mit den entsprechenden Parameterschätzungen,

$$\mathit{Laufzeit} = \underset{(3713.7)}{12156.5} - \underset{(3.818)}{11.909} \cdot \mathit{Jahr} + \underset{(0.0009809)}{0.0029689} \cdot \mathit{Jahr}^2 \quad .$$

In *Abbildung 6c* ist diese Relation illustriert. Auf den ersten Blick könnte der Eindruck entstehen, die Streuung um die Kurve nehme mit wachsender Jahreszahl zu. Das trifft zwar für die orthogonalen Abstände von der Parabel zu, nicht jedoch für die vertikalen. Letztere entsprechen nämlich den Residuen, deren Verteilung als zufällig bezeichnet werden kann *(Abb. 6d)*.

Dass sich die quadratische Approximation besser eignet als die lineare, kann in einem Test bestätigt werden: Wenn wir im Modell

$$\mathit{Laufzeit} = \alpha + \beta \cdot \mathit{Jahr} + \gamma \cdot \mathit{Jahr}^2$$

die Restriktion

$$H_0 : \ \gamma = 0$$

testen, vergleichen wir eben diese beiden Ansätze miteinander. Mit den Residualsummenquadraten von $S_{Min} = 173.270$ (18 Freiheitsgrade) und $S^0_{Min} =$

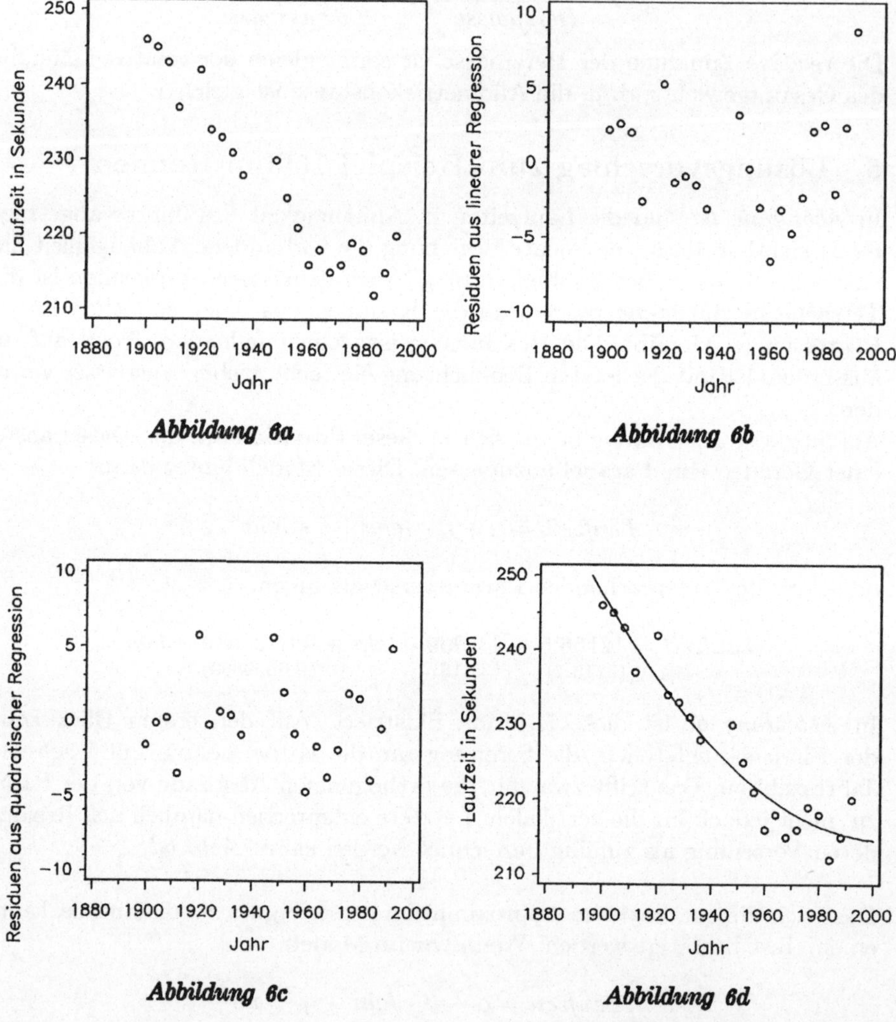

Abbildung 6a

Abbildung 6b

Abbildung 6c

Abbildung 6d

261.452 (19 Freiheitsgrade) finden wir

$$F = \frac{S^0_{Min} - S_{Min}}{S_{Min}/18} = 9.16 > F_{1,18;95\%} = 4.41 \ .$$

Da unser F–Wert jenseits des massgebenden 95%–Quantils liegt, wird die Nullhypothese verworfen, und man entscheidet sich für das Modell mit dem quadratischen Term $Jahr^2$.

7 Lösungvorschlag zum Beispiel sowjetische Atomtests

Da es die Freisetzung der Energie ist, die die Erschütterung der Erde auslöst, wählen wir erstere als unabhängige und letztere als abhängige Variable. *Abbildung 7a* zeigt, dass sich nach Logarithmieren des Regressors Energiemenge eine Gerade durchaus eignet, um den Zusammenhang zwischen den beiden Messgrössen zu beschreiben. Die Regressionsgleichung lautet

$$\mathit{Erschütterung} = \underset{(0.0545)}{4.5452} + \underset{(0.01558)}{0.30710} \cdot \log(\mathit{Energiemenge}) \ .$$

Der Steigungsparameter ist, wie sich bereits aus *Abbildung 7a* erahnen lässt, sigifikant von Null verschieden. Ein entsprechender F– oder t–Test liefert einen verschwindend kleinen p–Wert von unter 10^{-5}.

Betrachtet man den Plot der Residuen in *Abbildung 7b*, so fällt auf, dass die Streuung der Residuen bei schwächerer Erschütterung tendenziell grösser ausfällt. Dies kann auf zwei mögliche Ursachen zurückzuführen sein:

- Die seismologischen Geräte der westlichen Forschungsstellen können leichtere Erschütterungen weniger genau feststellen, was grössere Variabilität der Fehlerterme zur Folge hat.

- Die Messungen der Erderschütterung hängen von weiteren, nicht erfassten Faktoren ab, welche jedoch bei den grösseren Explosionen keinen massgeblichen Einfluss haben, da sie vom gewaltigen Effekt des Atomtests überdeckt werden.

Welche der beiden Erklärungen zutrifft, kann natürlich anhand der uns vorliegenden Zahlen nicht ausfindig gemacht werden.

Zur obigen Regressionsgleichung sollte noch bemerkt werden, dass die üblichen Minimum–Quadrat–Schätzungen der Parameter auch bei nichtkonstanter Variabilität der Fehlerterme erwartungstreu bleiben (jedoch gewisse Optimalitätseigenschaften verlieren), was für die Standardabweichungen nicht zutrifft.

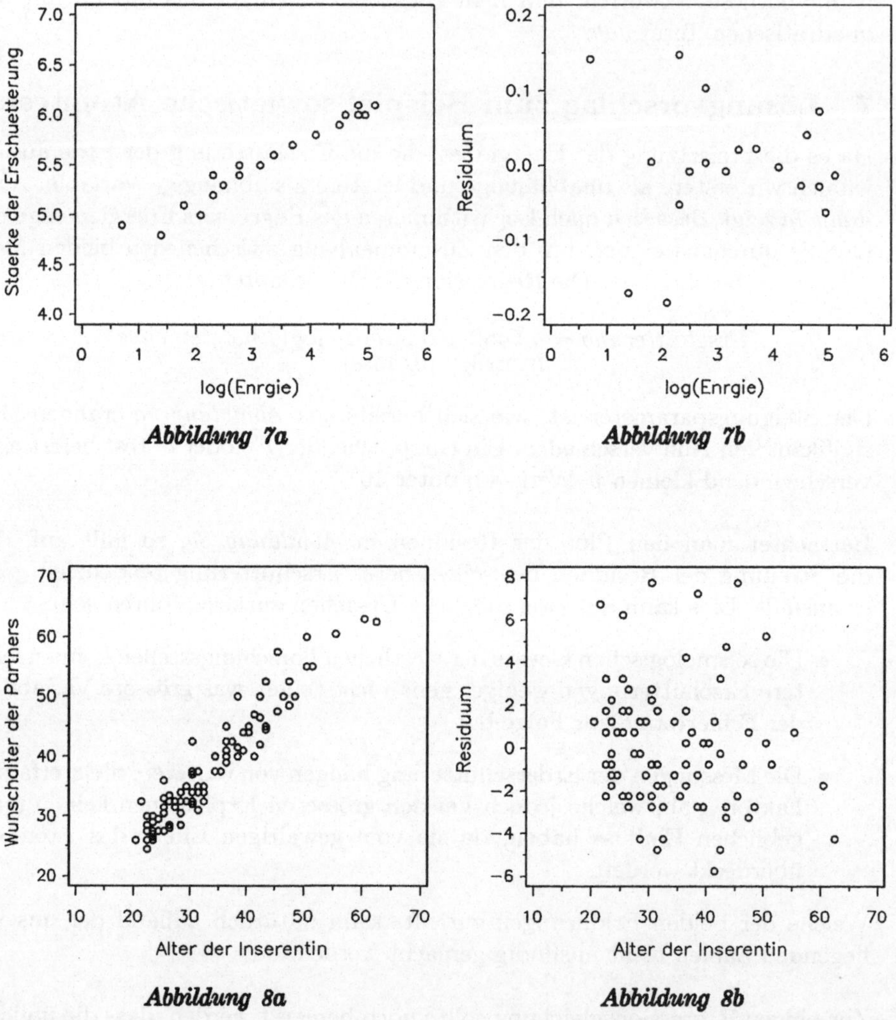

Abbildung 7a

Abbildung 7b

Abbildung 8a

Abbildung 8b

8 Lösungsvorschlag zum Beispiel Wunschalter des Partners

1. Der Punkteschwarm in *Abbildung 8a* genügt der Forderung linearer Abhängigkeit durchaus. Als lineare Regressionsgleichung findet man:

   $$\textit{Wunschalter des Partners} = \underset{(1.068)}{5.475} + \underset{(0.0306)}{0.9636} \cdot \textit{Alter der Inserentin}$$

   Als mögliche Modellvereinfachung werden wir die Beschränkung

   $$H_0 : \textit{Steigungsparameter} = 1$$

   untersuchen, was bedeuten würde, dass die Inserentinnen unabhängig ihres Alters einen um gleich viel älteren Partner suchen. Die resultierende F–Grösse nimmt den Wert 1.42 an (1 resp. 92 Freiheitsgrade), bleibt also unter dem massgebenden 95%–Quantil von 3.96, weshalb wir die Nullhypothese als erfüllt betrachten. Nun muss der im Modell verbleibende Parameter neu geschätzt werden unter der Bedingung *Steigung* = 1. Wir finden

   $$\textit{Wunschalter des Partners} = \underset{(0.2871)}{4.250} + \textit{Alter der Inserentin} \ .$$

   Aus *Abbildung 8b* ist ersichtlich, dass die Residuen nicht symmetrisch verteilt sind, d. h., die Voraussetzung der Normalverteilung ist verletzt. Hier bietet sich die Möglichkeit, anstelle der üblichen Regressionsgeraden eine Gerade $y = \alpha + \beta x$ zu wählen, bei der je die Hälfte der Punkte darüber bzw. darunter liegen. Die Bestimmung der Parameter dieser Geraden geschieht folgendermassen: Der Steigungsparameter β wird normal mit der Methode der kleinsten Quadrate festgelegt. Um den Achsenabschnitt α zu bestimmen, nimmt man dann nicht den Mittelwert der $y_i - \beta x_i$, sondern deren Median. Die so definierte Gerade erfüllt die oben erwähnte Eigenschaft.

   In unserem Beispiel nehmen wir das vereinfachte Modell mit Steigungsparameter $\beta = 1$ als Ausgangspunkt. So finden wir als Achsenabschnitt den Wert von $\alpha = 4$, was uns zu folgender Schätzungsgleichung führt:

   $$\textit{Wunschalter des Partners} = 4 + \textit{Alter der Inserentin} \ .$$

   In *Abbildung 8c* ist diese Gerade eingezeichnet. Sie verläuft etwas unterhalb der klassischen Regressionsgeraden.

2. Um die Daten aus dem Statistischen Jahrbuch mit denjenigen aus den Inseraten vergleichen zu können, müssen wir die beiden Datensätze vorerst

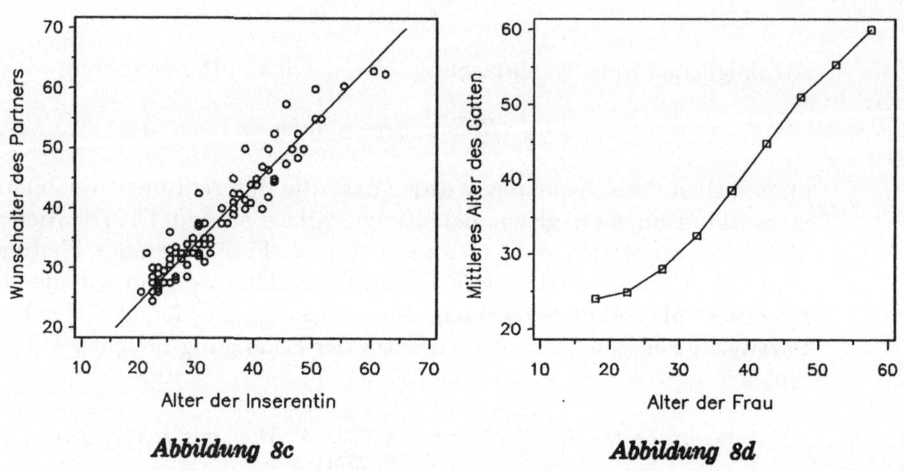

Abbildung 8c

Abbildung 8d

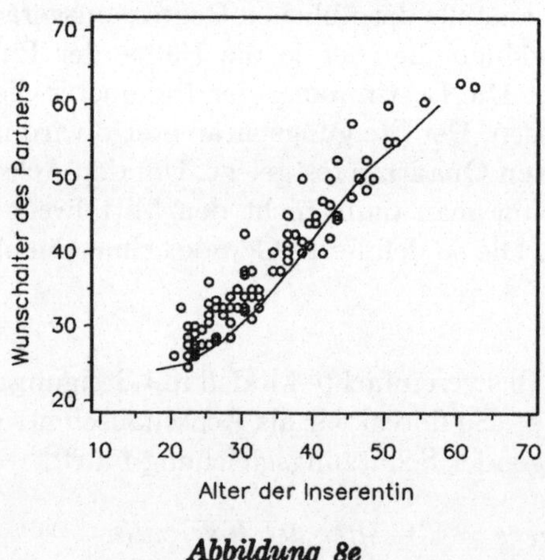

Abbildung 8e

einander angleichen. Dies geschieht dadurch, dass wir aus den Jahrbuch–Daten für jede Altersklasse von Frauen (bis 19, 20–24, usw.) ein mittleres Heiratsalter berechnen. Aus zwei Gründen wählen wir dabei als Masszahl den Median: erstens fehlt zur Bestimmung des Mittelwerts das Durchschnittsalter der obersten sowie der untersten Klasse, und zweitens eignet sich der Median als repräsentativer Wert in den vorliegenden asymmetrischen Verteilungen bedeutend besser als das arithmetische Mittel. Die Resultate in der folgenden Tabelle wurden durch lineare Interpolation berechnet. In der oberen Zeile steht die Altersklasse der heiratenden Frauen in Jahren, in der unteren der Median des Alters derer Gatten (vgl. dazu *Abb. 8d*):

bis 19	20-24	25-29	30-34	35-39	40-44	45-49	50-54	55-59
24.12	24.99	28.05	32.53	38.58	44.85	51.06	55.35	60.0

In der höchsten Altersklasse können wir nur sagen, dass der Median über 60 liegen muss, da mehr als die Hälfte der Ehegatten der Gruppe der über 60–jährigen angehört.

In *Abbildung 8e* wurde der ursprüngliche Punkteschwarm mit einem Linienzug ergänzt, der das mittlere Alter der Gatten in Abhängigkeit des Alters der Gattin angibt. Die Tatsache, dass die meisten Punkte darüber liegen, bedeutet, dass die Inserentinnen eher ältere Partner suchten, als die Mehrzahl ihrer heiratenden Altersgenossinnen gefunden hatte. Besonders deutlich ist diese Tendenz bei den 20– bis 40–jährigen Inserentinnen zu beobachten.

9 Lösungsvorschlag zum Beispiel Mäuse

Die Wahl des Modells richtet sich ganz nach der jeweiligen Fragestellung

1. Der Punkteschwarm in *Abbildung 9a* lässt vermuten, dass die Gerade

$$\mathit{Lebermasse} = \underset{(0.2869)}{-0.3906} + \underset{(0.0116)}{0.0661}\ \mathit{K\ddot{o}rpermasse}$$

den linearen Zusammenhang (Korrelationskoeffizient= 0.76) genügend gut beschreibt.

2. *Abb. 9b* zeigt den Punkteschwarm der für diese Fragestellung transformierten Daten (Quotiententransformation). Die Schätzung der Parameter nach der Methode der kleinsten Quadrate liefert:

$$\frac{\mathit{Lebermasse}}{\mathit{K\ddot{o}rpermasse}} = \underset{(0.0116)}{0.0353} + \underset{(0.000470)}{0.000599}\ \mathit{K\ddot{o}rpermasse}$$

Es bleibt noch die lineare Beschränkung $\beta = 0$ zu überprüfen: $F(\beta \neq 0) = 1.62$. Verglichen mit der Sicherheitsgrenze bei Vorgabe einer Sicherheitsschwelle von 5% liegt dieser F–Wert im Annahmebereich, was folgende Vereinfachung erlaubt:

$$\frac{Lebermasse}{K\ddot{o}rpermasse} = \underset{(0.00116)}{0.0500}$$

Die Lebermasse der 25 untersuchten Mäuse macht somit rund 5% der gesamten Körpermasse aus.

3. Diese Fragestellung verlangt die Wahl eines log-log–Modells. Die transformierten Daten sind in *Abbildung 9c* dargestellt. Der lineare Zusammenhang wird durch folgende Gleichung beschrieben:

$$\log(Lebermasse) = \underset{(0.7624)}{-3.9270} + \underset{(0.2385)}{1.289} \log(K\ddot{o}rpermasse)$$

Die Überprüfung der Hypothese $\beta = 1$ liefert: $F(\beta \neq 1) = 1.47$. Verglichen mit der Sicherheitsgrenze bei Vorgabe einer Sicherheitsschwelle von 5% liegt dieser F–Wert im Annahmebereich. Die vereinfachte transformierte Regressionsbeziehung

$$\log(Lebermasse) = -3.0022 + \log(K\ddot{o}rpermasse)$$

erlaubt somit folgende Interpretation:

$$\frac{d(Lebermasse)}{Lebermasse} = \frac{d(K\ddot{o}rpermasse)}{K\ddot{o}rpermasse}$$

Die relative Zunahme der Lebermasse ist gleich der relativen Zunahme des Gesamtgewichts, d.h. es findet bei den Mäusen weder ein Vorauseilen noch ein Zurückbleiben des Wachstums der Leber gegenüber dem Wachstum des übrigen Organismus statt (*Allometriekonstante* = 1).

An diesem Beispiel lässt sich zeigen, dass für einen Datensatz nicht nur ein zum voraus bestimmbares Modell existiert, sondern je nach Fragestellung unterschiedliche Modelle sinnvoll interpretierbare Resultate liefern.

10 Lösungsvorschlag zum Beispiel Einkommen von Aerzten

Das Punktediagramm (x_i = mittleres Einkommen in Steuerperiode I, y_i = mittleres Einkommen in Steuerperiode II, *Abb.10a*) zeigt augenfällig die Nichtkonstanz der Variabilität. Die wichtige Voraussetzung konstanter Streuung ist

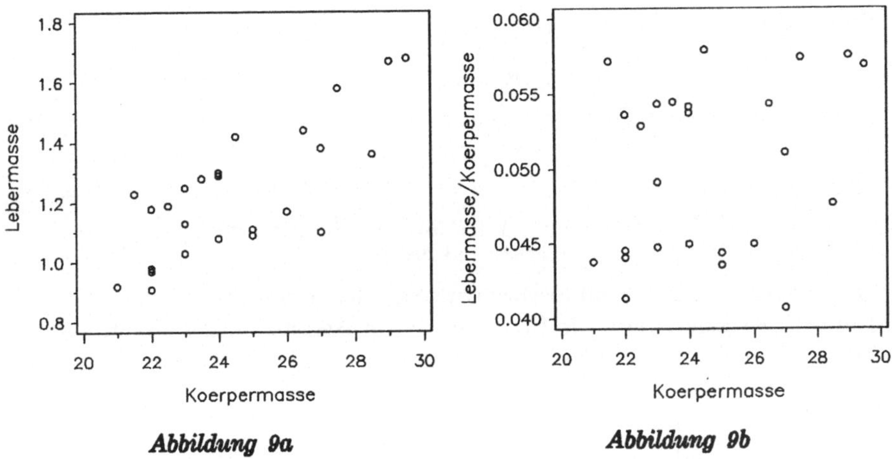

Abbildung 9a

Abbildung 9b

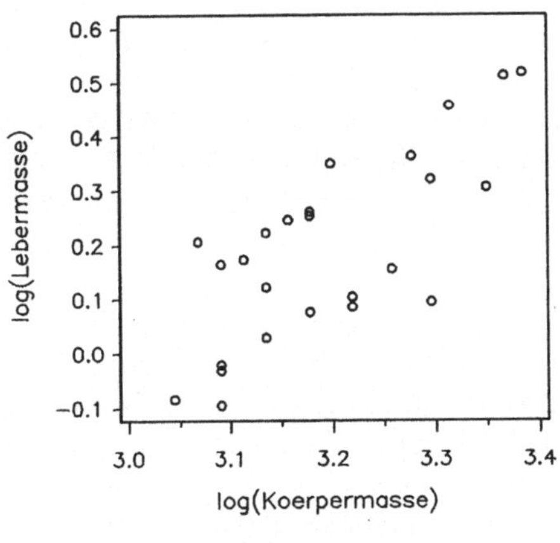

Abbildung 9c

somit verletzt. Aus der Abbildung ist zu erkennen, dass die Standardabweichung ungefähr proportional mit der Einflussgrösse wächst (Punkteschwarm ist trichterförmig). Zudem scheint es durchaus sinnvoll, eine Regressionsgerade durch den Ursprung anzusetzen. Eine Möglichkeit, diesen beiden Erscheinungen Rechnung zu tragen, besteht darin, das ursprüngliche Regressionsmodell

$$\mu_Y(x) = \alpha + \beta x$$

durch eines mit transformierter Zielgrösse $z_i = \frac{y_i}{x_i}$,

$$\mu_Z(x) = \alpha + \beta x \ ,$$

zu ersetzen. Man beachte, dass es sich um verschiedene Modellansätze handelt, wo die Parameter α und β jeweils unterschiedliche Rollen übernehmen.
Dieser zweite Ansatz führt zur Geradengleichung

$$\mathit{Quotient} = \underset{(0.0488)}{1.1174} + \underset{(3.298 \cdot 10^{-4})}{0.357 \cdot 10^{-4}} \cdot \mathit{Einkommen}\ I \ .$$

Den entsprechenden Punkteschwarm zeigt *Abbildung 10b.*
Ein F–Test zeigt, dass die Steigung dieser Regressionsgerade sich nicht signifikant von 0 unterscheidet ($F \approx 0.01$). Dies erlaubt es uns, das Modell zu vereinfachen zu

$$\mu_Z(x) = \mu_Z = \alpha \ ,$$

oder, mit der entsprechenden Parameterschätzung,

$$\frac{\mathit{Einkommen\ Steuerperiode\ II}}{\mathit{Einkommen\ Steuerperiode\ I}} = \underset{(0.0235)}{1.1220} \ .$$

Es gilt nun noch die lineare Beschränkung $\alpha = 1$ zu überprüfen: $F(\alpha \neq 1) = 27.0$. Verglichen mit der Sicherheitsgrenze bei Vorgabe einer Sicherheitsschwelle von 5% liegt dieser F–Wert im Ablehnungsbereich ($F_{1,89;95\%} = 3.95$). Das mittlere Einkommen von Aerzten in diesem Kanton ist somit in den zwei Steuerperioden um 12% gestiegen, wobei diese Zunahme als statistisch signifikant von 0 verschieden betrachtet werden kann.

Die eine Beobachtung fällt durch ihre extreme Lage auf. Es handelt sich um das Wertepaar $(6.8, 15.1)$, eine Beobachtung also, die untransformiert sehr nahe dem Nullpunkt liegt. Erst durch die Quotientenbildung wird die Beobachtung als extrem erkannt. Es besteht die Möglichkeit, diese Beobachtung aus den oben angestellten Berechungen auszuschliessen.
Der Parameter β weicht nach wie vor nur unsignifikant von 0 ab. Als Schätzwert für α ergibt sich somit der Mittelwert der 89 verbleibenden Quotienten z_i: $\hat{\alpha} = 1.1097$ mit Standardabweichung 0.0202. Beide Werte werden dadurch etwas kleiner, jedoch darf auch mit dem reduzierten Stichprobenumfang nicht auf die Vereinfachung $\alpha = 1$ geschlossen werden, denn $F(\alpha \neq 1) = 29.4$. Die Elimination der extremen Beobachtung korrigiert somit das Einkommenswachstum um rund 1% nach unten.

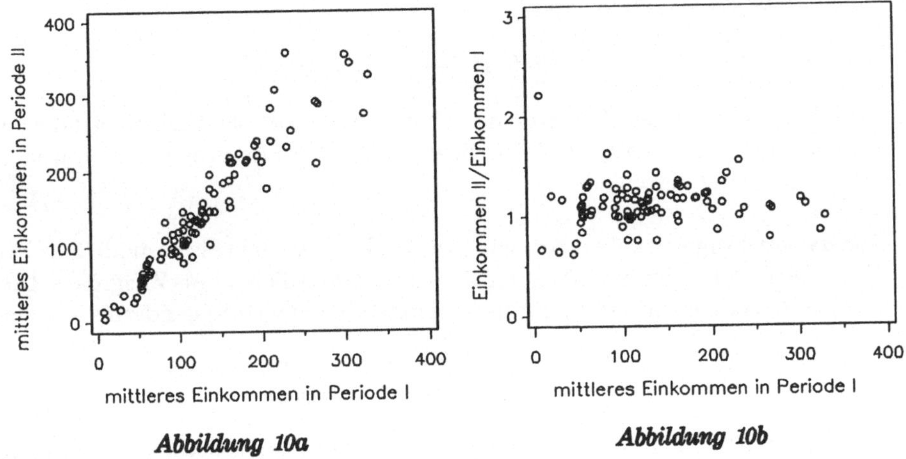

Abbildung 10a

Abbildung 10b

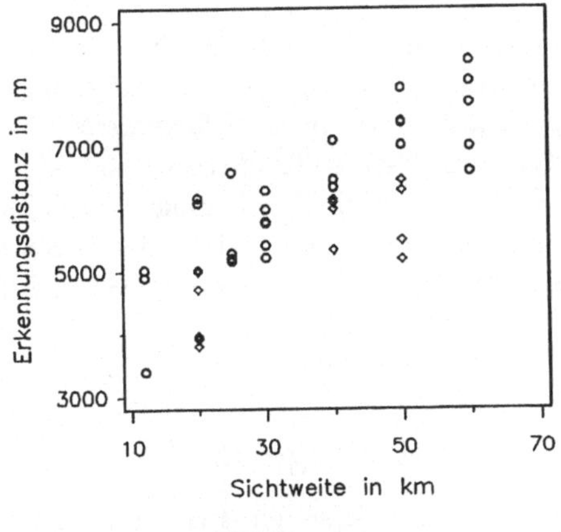

Abbildung 11a

11 Lösungsvorschlag zum Beispiel Erkennungsdistanz

Um die Antwort auf die erste Frage zu finden, testen wir, ob die Mittelwerte an den verschiedenen Flugtagen dieselben sind. Wir betrachten das Modell

$$\textit{Erkennungsdistanz} = \mu_i \quad (i = \textit{Nummer des Flugtags}) .$$

und wählen als Nullhypothese

$$H_0 : \ \mu_1 = \ldots = \mu_{10} .$$

So erhalten wir einen F-Wert von 20.36 mit 9 resp. 44 Freiheitsgraden, was deutlich im signifikanten Bereich liegt. Die Erkennungsdistanzen waren also von Tag zu Tag verschieden.

Die zweite Frage beantworten wir mit Hilfe eines Regressionmodells mit der Sichtweite als Einflussvariable und der Erkennungsdistanz als Zielgrösse. Dieses sieht mit den zugehörigen Minimumquadrat–Schätzern folgendermassen aus:

$$\textit{Erkennungsdistanz} = \underset{(279.7)}{3715.6} + \underset{(7.330)}{62.797}\ \textit{Sichtweite} .$$

Abb.11a illustriert diesen Zusammenhang. Tage mit identischer Sichtweite sind dabei durch verschiedene Symbole auseinandergehalten. Der Test auf $\beta = 0$ liefert eine F-Variable von 73.39 bei einem und 43 Freiheitsgraden, was uns erlaubt, diese Hypothese abzulehnen.

Nun führen wir noch den Test für Mangel an Anpassung durch. Dazu stellen wir
dem Alternativmodell $\quad \textit{Erkennungsdistanz} = \mu_i \quad (i = \textit{Nr. des Flugtags})$
das Nullmodell $\quad \textit{Erkennungsdistanz} = \alpha + \beta\ \textit{Sichtweite}$
gegenüber. Die resultierende Testgrösse ist F-verteilt (8 bzw. 35 FG) und nimmt einen Wert von 5.705 an, was bei einer 95%-Schranke von 2.22 im Ablehnungsbereich des Tests liegt. Das bedeutet, dass neben der Sichtweite weitere Faktoren auf die Erkennungsdistanz einwirken, die nicht zu vernachlässigen sind.

12 Lösungsvorschlag zum Beispiel Säugetiere

Abbildung 12a zeigt, dass in einem x-y-Diagramm zwischen Hirn–und Körpergewicht fast alle Punkte in die linke untere Ecke zu liegen kommen, währenddem die Werte für die beiden Elephantengattungen alle andern um ein Vielfaches übersteigen. Man erkennt ebenfalls den Punkt für den Menschen, dessen Hirngewicht weit über demjenigem anderer Säugetiere mit vergleichbarem Körpergewicht liegt. Es wäre denkbar, dass nach einer logarithmischen Transformation beider Achsen die Punkte etwas schöner verteilt sein könnten, weshalb wir beide Variablen logarithmieren und die neuen Grössen wieder gegeneinander abtragen. Das Resultat zeigt *Abbildung 12b*. Die Punkte sind jetzt nicht nur gleichmässiger verteilt, wir haben sogar sehr günstige Voraussetzungen für die Durchführung einer linearen Regressionsrechnung, nämlich eine lineare Beziehung zwischen den beiden Grössen bei einigermassen konstanter Variabilität. Wir finden als Modellgleichung:

$$\log(\mathit{Hirngewicht}) = \underset{(0.0958)}{2.1361} + \underset{(0.02840)}{0.75157} \log(\mathit{K\ddot{o}rpergewicht})$$

oder, nach Rücktransformation,

$$\mathit{Hirngewicht} = 8.42 \cdot \mathit{K\ddot{o}rpergewicht}^{0.75157} .$$

In *Abbildung 12c* sehen wir die Residuen. Es ist kein systematisches Muster zu erkennen, somit können wir unser Modell als gültig ansehen. Das grösste Residuum ist dasjenige des Menschen ($r_i = 1.95$), d.h. der Mensch hat im Vergleich zum Körpergewicht das höchste Hirngewicht. Die Tatsache, dass die Steigung β im log-log–Modell signifikant kleiner als 1 ist (um einzusehen, dass dies so ist, vergleiche man den Abstand $\hat{\beta} - 1$ mit der Standardabweichung des Schätzers $\hat{\beta}$) bedeutet, dass der Anteil des Hirngewichts am gesamten Gewicht bei schwereren Säugetierarten kleiner ist als bei leichteren.

13 Lösungsvorschlag zum Beispiel Volumen von Hühnereiern

Logarithmieren der Gleichung $V = \frac{\pi}{6} \cdot l \cdot d^2$ ergibt

$$\log V = \log \frac{\pi}{6} + \log l + 2 \log d .$$

Der Einfachheit halber setzen wir $c := \log \frac{\pi}{6} \approx -0.647$.

Die logarithmierte Gleichung können wir jetzt als Regressionsproblem mit der Zielgrösse $\log V$ und den unabhängigen Variablen $\log l$ und $\log d$ betrachten. Seine allgemeine Form lautet

$$\log V = \alpha + \beta \log l + \gamma \log d .$$

Schätzung der Parameter nach der Kleinstquadrat-Methode führt uns zu

$$\log V = \underset{(1.0241)}{0.0229} + \underset{(0.26895)}{0.74335} \log l + \underset{(0.5543)}{1.8394} \log d .$$

Unser Ziel ist es zu prüfen, ob die errechneten Werte mit den Idealwerten $\alpha = c$, $\beta = 1$ und $\gamma = 2$ kompatibel sind. Die Schätzungen sind nur aussagekräftig, wenn man ihre Standardabweichungen kennt. In unserem Beispiel

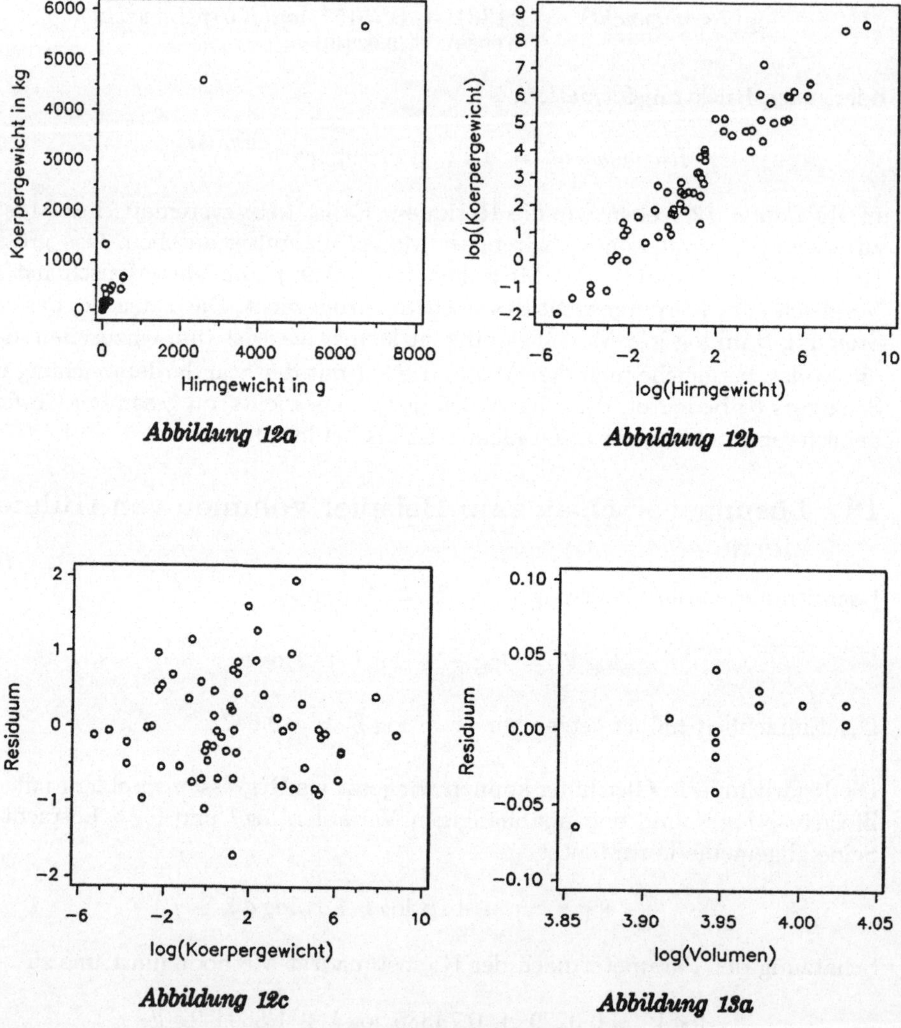

Abbildung 12a

Abbildung 12b

Abbildung 12c

Abbildung 13a

bleibt der Abstand der Realisierungen von den gewünschten Modellwerten in der Grössenordnung einer Standardabweichung, was unser Modell zu bestätigen scheint, d.h. unsere Rechnung deutet darauf hin, dass die Form eines Hühnereis geometrisch derjenigen eines Rotationsellipsoids nahekommt.

Um unsere Vermutung noch zu bestätigen, führen wir einen Test durch. Als Hypothese wählen wir die lineare Beschränkung

$$H_0 \;:\; \alpha = c,\; \beta = 1,\; \gamma = 2\,.$$

Die aus diesem Test resultierende F-Variable besitzt 3 Freiheitsgrade im Zähler und 9 im Nenner. Sie nimmt den Wert 0.75 an, was deutlich im Annahmebereich des Tests liegt, denn die Wahrscheinlichkeit $P(\,F_{9,3} \geq 0.75\,)$ beträgt 0.55. Es besteht also kein Anlass, die Nullhypothese zu verwerfen, da unsere Testgrösse unter H_0 nicht ausserordentlich hoch ausfällt.

Abbildung 13a zeigt den Residualplot der Daten. Dasjenige Ei mit dem kleinsten Volumen scheint ein bisschen aus der Reihe zu tanzen. Deshalb führen wir die selben Rechnungen noch einmal unter Ausschluss dieser Beobachtung durch. Die Gleichung von oben lautet nun

$$\log V \;= \underset{(0.78386)}{0.77404} \;+\; \underset{(0.20178)}{0.58912}\,\log l \;+\; \underset{(0.4170)}{1.5083}\,\log d\;.$$

Vergleicht man diese Schätzungen und ihre Standardabweichungen mit denjenigen von vorher, so stellt man keine schwerwiegenden Abweichungen fest. Die neuen Parameterschätzungen eignen sich besser, um das Volumen eines Hühnereis, dessen Masse in der Grössenordnung der elf übrigen Eier liegen, zu schätzen. Bei Eiern mit grossem oder kleinem Durchmesser bzw. Länge ist Vorsicht geboten, wie bei jeder Extrapolation.
Die Hypothese H_0 kann auch hier nicht verworfen werden: die F-Variable nimmt einen Wert von 1.70 an, was unter der 5%–Sicherheitsschwelle von 4.46 liegt.

14 Lösungsvorschlag zum Beispiel Freistilschwimmen

Abbildung 14a zeigt, dass die Punkte zwar weder für Frauen (Symbol □) noch für Männer (Symbol ○)auf einer Geraden liegen, allerdings erkennt man eine Zunahme der Abstände mit wachsender Distanz. Da aber die Quotienten der Zeiten für Frauen und Männer ungefähr gleich sind, erwarten wir, dass eine logarithmische Transformation der Zeit die beiden Kurven parallel erscheinen lässt. *Abbildung 14b* zeigt die Kurven nach erfolgter Transformation. Es zeigt sich aber, dass die Punkte immer noch nicht auf einer Geraden liegen. Spekulativ versuchen wir, auch die Distanzwerte logarithmisch zu transformieren, was den gewünschten Erfolg bringt. Die Punkte liegen nun auf zwei fast parallelen Geraden (vgl. *Abbildung 14c*).

Die Methode der kleinsten Quadrate liefert uns separat für Frauen und Männer folgende Regressionsgeraden:
Frauen:

$$\hat{\mu}_{\log(Zeit)}(Distanz) = \underset{(0.0635)}{-1.0248} \;+ \underset{(0.0119)}{1.0926}\; \log(Distanz)$$

Männer:

$$\hat{\mu}_{\log(Zeit)}(Distanz) = \underset{(0.0930)}{-1.1702} \;+ \underset{(0.0175)}{1.1051}\; \log(Distanz)$$

Unter der Annahme gleicher Steigung in beiden Gruppen erhält man für Frauen:

$$\hat{\mu}_{\log(Zeit)}(Distanz) = \underset{(0.0501)}{-1.0579} + \underset{(0.0094)}{1.0988}\; \log(Distanz)$$

Männer:

$$\hat{\mu}_{\log(Zeit)}(Distanz) = \underset{(0.0501)}{-1.1371} + \underset{(0.0094)}{1.0988}\; \log(Distanz)$$

Der Abstand zwischen den beiden Geraden beträgt

$$d = -1.0579 - (-1.1371) = 0.0792 \, .$$

Die Testgrössen $F(\mathit{Nichtparallelit\ddot{a}t}) = 0.349$ (1,2 FG)
$F(Steigung \neq 0) = 13\,806$ (1,3 FG)
$F(Abstand \neq 0) = 55.9$ (1,3 FG)
bestärken, dass die zwei Geraden den Zusammenhang zwischen Zeit und Distanz der doppeltlogarithmischen Wertepaare zufriedenstellend beschreiben.

Die Rücktransformation der Regressionsgeraden ergibt:

$$Zeit(Frauen) = 0.3472\, Distanz^{1.0988}$$
$$Zeit(M\ddot{a}nner) = 0.3207\, Distanz^{1.0988}$$

Die Zeit der Frauen liegt für alle Distanzen zwischen 100m und 400m tatsächlich, wie ursprünglich vermutet, ca. 1.08-mal über der Zeit der Männer:

$$Zeit(Frauen) = 1.0825 \cdot Zeit(M\ddot{a}nner)$$

Der Exponent der Distanz bzw. der Regressionskoeffizient $\hat{\beta} = 1.0988$ kann folgendermassen gedeutet werden: wird die Distanz um 10% erhöht, so nimmt die Zeit um knapp 11% zu.

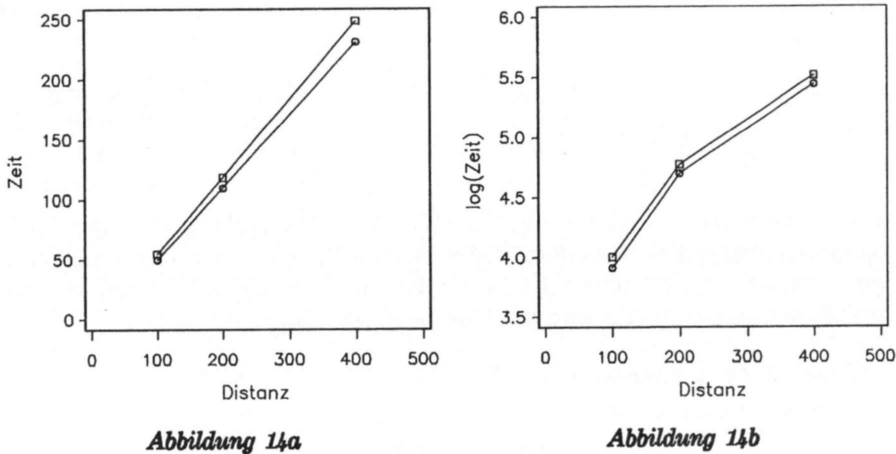

Abbildung 14a ***Abbildung 14b***

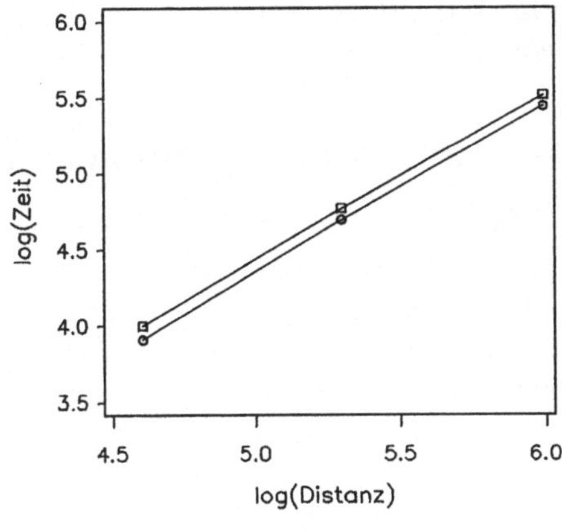

Abbildung 14c

15 Lösungsvorschlag zum Beispiel Schätzung der Gewinnsumme

Es gibt umso mehr Gewinner, je beliebter eine gezogene Gewinnkombination ist, d.h. je grösser der Beliebtheitsindex ist.
Eine Möglichkeit zur Schätzung der Gewinnsumme für Dreier und Vierer aus dem Beliebtheitsindex (BI) der Ziehung bietet sich durch die beiden Regressionsgleichungen:

$$\begin{array}{lcccc} \text{Gewinnsumme 3er in \% Einsatzsumme} & = & \underset{(0.432)}{7.246} & + & \underset{(0.434)}{6.362 \cdot \mathrm{BI}} \\ \text{Gewinnsumme 4er in \% Einsatzsumme} & = & \underset{(0.430)}{2.062} & + & \underset{(0.432)}{4.704 \cdot \mathrm{BI}} \end{array}$$

Die entsprechenden Abbildungen (*Abb. 15a, Abb. 15b*) zeigen den linearen Zusammenhang zwischen dem Beliebtheitsindex einer Ziehung und der auszuzahlenden Gewinnsumme (in % der Einsatzsumme) für 3er und 4er. Somit ergibt sich für die Schätzung der Gewinnsumme für den Sechser:

Geschätzte Gewinnsumme für 6er

1/2 **Einsatzsumme** (- Auszahlungsspesen)

-	10 % für die Gewinnsumme des 2. Ranges
-	$(2.062 + 4.704 \cdot \mathrm{BI}$ für 4. Rang) · Einsatzsumme / 100
-	$(7.246 + 6.362 \cdot \mathrm{BI}$ für 5. Rang) · Einsatzsumme / 100
=	**Restsumme**
	- 50 % für die Gewinnsumme des 3. Ranges
verbleiben:	50 % + Jackpot für Gewinner im 1. Rang

16 Lösungsvorschlag zum Beispiel Lotto–Kombinationen plus/minus 1

Die *Abbildungen 16a* und *16b* (○ = 'plus eins'–Kombinationen; □ = 'minus eins'–Kombinationen) zeigen, dass durch Logarithmieren der Anzahl abgegebener Tips die gewünschte lineare Abhängigkeit erreicht werden kann. Die Regressionsgleichungen mit Minimumquadrat–Schätzern lauten

- 'plus eins'–Kombinationen:

$$\log(\mathit{Anzahl\ Tips}) = \underset{(0.2540)}{6.2218} - \underset{(0.04263)}{0.34513}\ \mathit{Vorwoche}\ ,$$

- 'minus eins'–Kombinationen:

$$\log(\mathit{Anzahl\ Tips}) = \underset{(0.2602)}{6.0883} - \underset{(0.04278)}{0.36712}\ \mathit{Vorwoche}\ .$$

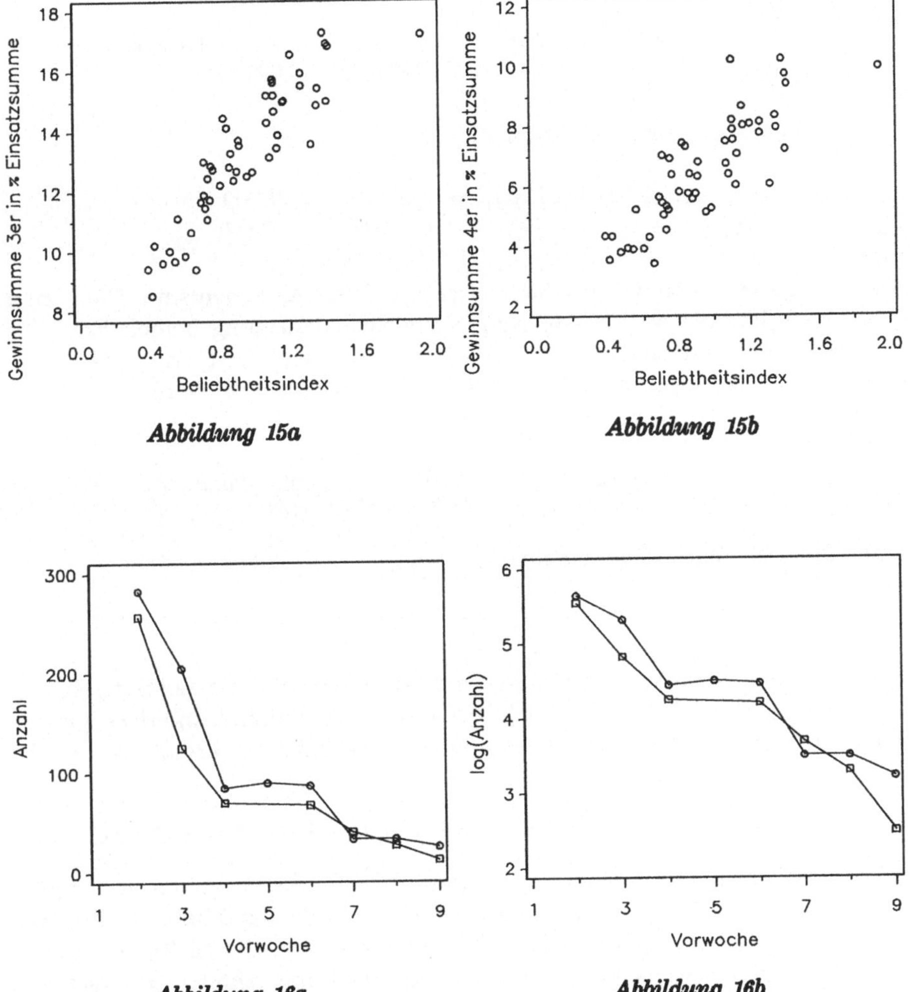

Abbildung 15a

Abbildung 15b

Abbildung 16a

Abbildung 16b

Nun gilt es, als erstes die Hypothese der Parallelität der beiden Regressionsgeraden zu überprüfen. Wir finden eine F–Testgrösse mit 1 respektive 11 Freiheitsgraden, die den sehr kleinen Wert von 0.133 annimmt. Deshalb nehmen wir an, die beiden Steigungsparameter seien identisch. Dadurch verändern sich die Gleichungen von oben zu

- 'plus eins'–Kombinationen:

$$\log(\mathit{Anzahl\,Tips}) = \underset{(0.1856)}{6.2812} - \underset{(0.02909)}{0.35609}\ \mathit{Vorwoche}\,,$$

- 'minus eins'–Kombinationen:

$$\log(\mathit{Anzahl\,Tips}) = \underset{(0.1907)}{6.0268} - \underset{(0.02909)}{0.35609}\ \mathit{Vorwoche}\,.$$

Als nächstes testen wir, ob die Achsenabschnitte dieselben sind. Dabei müssen wir natürlich die Nebenbedingung der gleichen Steigung beibehalten. Die resultierende F–Statistik (1,12 FG) liegt mit einem Wert von 3.43 unter der 95%–Schranke $F_{0.95} = 4.75$. Damit ist die folgende Beziehung für 'plus'– wie auch für 'minus'–Kombinationen gültig:

$$\log(\mathit{Anzahl\ Tips}) = \underset{(0.1907)}{6.1675} - \underset{(0.03169)}{0.35690}\ \mathit{Vorwoche}\,.$$

Rücktransformation dieser Gleichung ergibt

$$\mathit{Anzahl\ Tips} = e^{6.1675} \cdot e^{-0.35690 \cdot \mathit{Vorwoche}} \approx 477 \cdot 0.7^{\mathit{Vorwoche}}\,.$$

Zusammenfassend können wir also festhalten, dass die Beliebtheit solcher 'plus/minus eins'–Tips pro Woche um etwa 30% abnimmt und dass 'plus eins'– und 'minus eins'–Kombinationen etwa gleich häufig angekreuzt worden sind.

17 Lösungsvorschlag zum Beispiel Geburtenzahl

In *Abbildung 17a* werden die Verläufe für die verschiedenen Spitäler verglichen, wobei jedes Spital mit einem separaten Symbol gekennzeichnet ist. Wir werden in diesem Lösungsvorschlag jedoch nicht direkt von diesen Zahlen ausgehen, sondern die *relativen* Geburtenzahlen unter die Lupe nehmen: wir ersetzen jede Position in der oberen Tabelle durch den Quotienten

$$\frac{\mathit{Anzahl\ Geburten\ zur\ Stunde\ t\ in\ Spital\ X}}{\mathit{Totale\ Anzahl\ Geburten\ im\ Spital\ X}}\,.$$

Dies liefert uns die folgenden Daten:

Stunde endend um	Spital				
	A	B	C	D	E
1	0.043	0.039	0.042	0.045	0.042
2	0.053	0.041	0.040	0.044	0.042
3	0.045	0.050	0.041	0.046	0.045
4	0.048	0.051	0.047	0.047	0.048
5	0.049	0.053	0.048	0.047	0.044
6	0.038	0.051	0.052	0.050	0.047
7	0.042	0.046	0.047	0.045	0.048
8	0.049	0.037	0.045	0.048	0.041
9	0.045	0.053	0.049	0.048	0.046
10	0.043	0.047	0.050	0.050	0.045
11	0.042	0.043	0.046	0.044	0.048
12	0.044	0.039	0.044	0.045	0.041
13	0.039	0.034	0.043	0.041	0.040
14	0.041	0.038	0.041	0.036	0.040
15	0.040	0.038	0.039	0.038	0.039
16	0.041	0.028	0.035	0.032	0.036
17	0.033	0.041	0.041	0.037	0.038
18	0.041	0.042	0.034	0.037	0.034
19	0.036	0.039	0.034	0.035	0.039
20	0.040	0.036	0.033	0.032	0.032
21	0.032	0.040	0.038	0.036	0.041
22	0.035	0.033	0.039	0.039	0.042
23	0.044	0.037	0.035	0.040	0.036
24	0.035	0.045	0.038	0.039	0.043

Wir werden versuchen, diese Kurven mit einer Sinus–Kurve zu approximieren (vgl. dazu den Lösungsvorschlag zum Beispiel Nr.26 "Todesfälle an Lungenentzündung"). Im ersten, allgemeinsten Modell besitzt jede der fünf Kurven eigene Parameter. Um dies formal auszudrücken, bezeichnen wir mit Y_{it} die relative Anzahl Geburten im i-ten Spital zur Stunde t:

$$Y_{it} = \mu + \beta_{1i} \sin(\omega t) + \beta_{2i} \cos(\omega t) .$$

Dieses Modell besitzt 11 zu schätzende Parameter, nämlich den Gesamtmittelwert μ sowie zu jedem der fünf Spitäler zwei Parameter β_{1i} und β_{2i}, welche die Form der täglichen Schwankungen bestimmen.
In einem ersten Schritt vergleichen wir dieses Modell mit einem Nullmodell mit identischen Kurvenverläufen für alle fünf Spitäler:

$$Y_{it} = \mu + \beta_1 \sin(\omega t) + \beta_2 \cos(\omega t) .$$

Dieses zweite Modell ist in *Abbildung 17b* illustriert: die gefitteten Werte (durchgezogene Linie) werden mit den beobachteten Daten aus den fünf Spitälern ver-

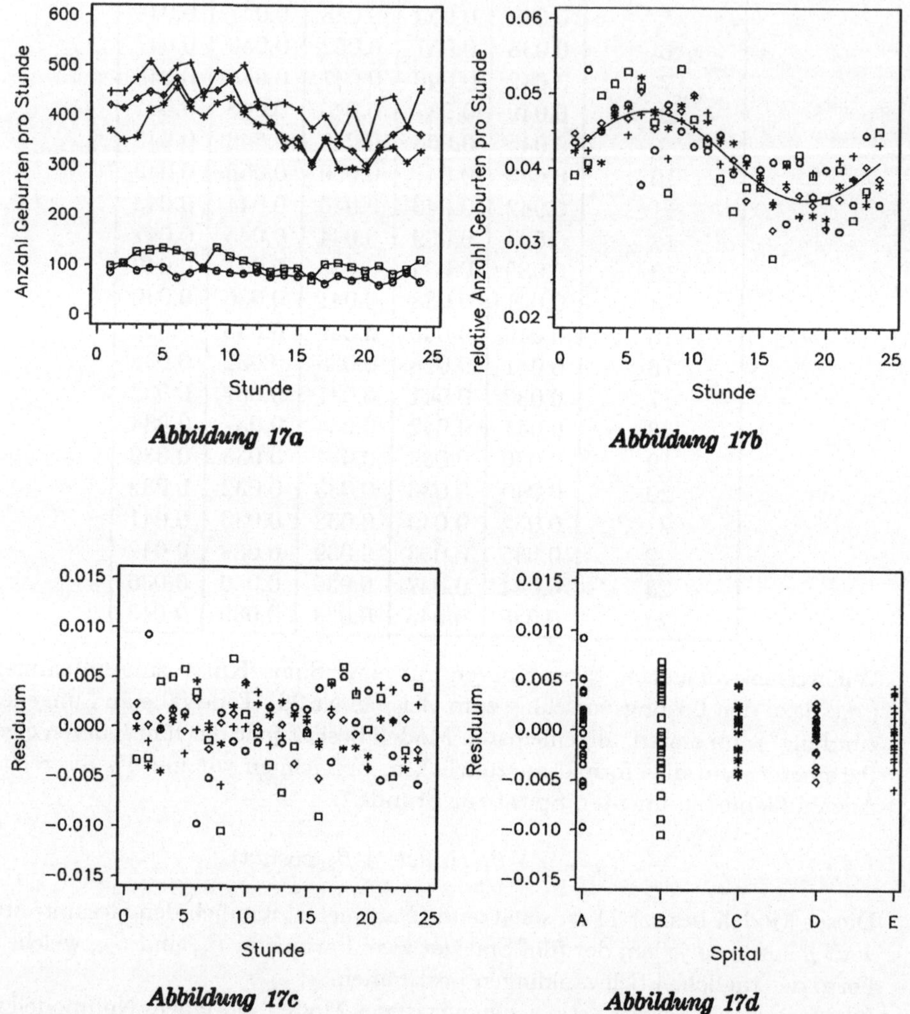

Abbildung 17a *Abbildung 17b*

Abbildung 17c *Abbildung 17d*

glichen. Die Nullhypothese lautet also

$$H_0 : \beta_{11} = \beta_{12} = \beta_{13} = \beta_{14} = \beta_{15}, \quad \beta_{21} = \beta_{22} = \beta_{23} = \beta_{24} = \beta_{25} \,.$$

Die Residuensummenquadrate betragen im Nullmodell $S^0_{Min} = 0.0013666$ bei 117 Freiheitsgraden, im Alternativmodell $S_{Min} = 0.0012273$ bei 109 Freiheitsgraden, was uns eine F–Grösse von $F = \frac{(S^0_{Min} - S_{Min})/8}{S_{Min}/109} = 1.55$ liefert. Da das 95%–Quantil der F–Verteilung mit 8 und 109 Freiheitsgraden 2.03 beträgt, können wir die Nullhypothese gleichförmiger Tagesschwankungen in den verschiedenen Spitälern nicht verwerfen, betrachten also das zweite, einfachere Modell als zutreffend.

Nun interessieren wir uns für die Frage, ob überhaupt eine sinusförmige periodische Schwankung vorliegt. Zu diesem Zweck stellen wir dem obigen Modell

$$Y_{it} = \mu + \beta_1 \sin(\omega t) + \beta_2 \cos(\omega t)$$

das Nullmodell

$$Y_{it} = \mu$$

gegenüber. Die zu testende Hypothese lautet also jetzt

$$H_0 : \beta_1 = \beta_2 = 0 \,.$$

Wiederum ermitteln wir die minimalen Summenquadrate und finden $S^0_{Min} = 0.0031547$ (119 Freiheitsgrade) und $S_{Min} = 0.0013666$ (117 Freiheitsgrade, gleicher Fall wie oben das Nullmodell). Diese F–Variable nimmt somit einen Wert an von $F = \frac{(S^0_{Min} - S_{Min})/2}{S_{Min}/117} = 91.44$, was jenseits der entsprechenden 5%–Sicherheitsgrenze von 3.07 liegt. Auch in diesem Fall entscheiden wir uns also für eine Schätzung der relativen Geburtenzahlen in allen Spitälern durch dieselbe Sinuskurve.
Die Kleinstquadratschätzungen für die Parameter und deren Standardabweichungen lauten

$$Y_{it} = \underset{(0.000312)}{0.041667} + \underset{(0.000441)}{0.005925} \sin(\omega t) - \underset{(0.000441)}{0.000815} \cos(\omega t) \,.$$

Es soll noch untersucht werden, ob die Residuen wirklich zufällig verteilt sind und in keiner Weise von anderen im Modell enthaltenen Grössen abhängen. *Abbildung 17c* lässt keine Abhängigkeit vom Regressor Stunde erkennen. In *Abbildung 17d* erkennen wir jedoch, dass die Streuung der Residuen in den Spitälern A und B grösser zu sein scheint als in den übrigen Spitälern. Dafür verantwortlich sind weitgehend bei Spital A das grösste und das kleinste Residuum, sowie bei Spital B die zwei kleinsten. Es handelt sich dabei um die Geburtenzahl während der zweiten und sechsten Stunde im Spital A, resp. der achten und vierzehnten Stunde im Spital B. Um herauszufinden, ob diese Werte die oben durchgeführten Tests verändert haben, führen wir dieselben Rechnungen nochmals ohne diese Beobachtungen aus. Wir finden für den ersten Test $F = 1.514$ (8 ,105 FG), für den zweiten $F = 124.02$ (2, 113 FG), was zu keinen anderen Schlüssen führt als oben. Die vier extremen Residuen hatten also bei den Tests keine grob verfälschende Wirkung.

18 Lösungsvorschlag zum Beispiel übernommene Gewinntips der Vorwochen

Aus *Abb. 18a* lässt sich die Tendenz ablesen, dass die Häufigkeit, mit der weiter zurückliegende Gewinntips gewählt werden, abnehmend ist, und zwar scheint der Zusammenhang von der Form $y = (\alpha + \beta\, x)^{-1}$ im Bereich bis ungefähr 25 Vorwochen zu sein. Wie vermutet kommen die Daten in diesem Bereich durch die Transformation ($\mathit{Häufigkeit} \rightarrow 1/\mathit{Häufigkeit}$) annähernd auf einer Geraden zu liegen (vgl. *Abb. 18b*). Die lineare Regression liefert folgenden Zusammenhang:

$$\frac{1}{\mathit{Häufigkeit}} = \underset{(0.4136\,\cdot 10^{-4})}{1.5208\,\cdot 10^{-4}} + \underset{(0.2782\,\cdot 10^{-5}\,)}{6.3882\,\cdot 10^{-5}} \cdot \mathit{Vorwoche}$$

$$\Longleftrightarrow$$

$$\mathit{Häufigkeit} = \frac{1}{1.5208 \cdot 10^{-4} + 6.3882 \cdot 10^{-5} \cdot \mathit{Vorwoche}} \approx \frac{1\ \mathit{Mio}}{152 + 64 \cdot \mathit{Vorwoche}}$$

Der dazugehörige Residualplot (*Abb. 18c*) lässt keine Verletzung der Voraussetzungen vermuten. Ehemalige Gewinntips treten somit nach einer gewissen Zeit der allgemeinen grossen Beliebtheit schliesslich mit annähernd konstanter, jedoch immer noch erhöhter Häufigkeit auf. Es sei noch erwähnt, dass einzig der Gewinntip vor 1 Jahr sich einer überdurchschnittlichen Beliebtheit erfreut und im ansonsten regelmässigen Verlauf auffällt.

19 Lösungsvorschlag zum Beispiel Engel'sches Gesetz

Abbildung 19a lässt die Behauptung schon vermuten. Nach einer Transformation $z = \frac{y}{100}x$ zeigt das Punktediagramm (x = Einkommen, z = Ausgaben für Nahrungsmittel in belgischen Francs, *Abb. 19b*) den linearen Verlauf. Die Schätzung der Parameter nach der Methode der kleinsten Quadrate liefert:

$$\mathit{Nahrungsmittelausgaben} = \underset{(1.568)}{114.37} + \underset{(0.00075)}{0.5296}\ \mathit{Einkommen}$$

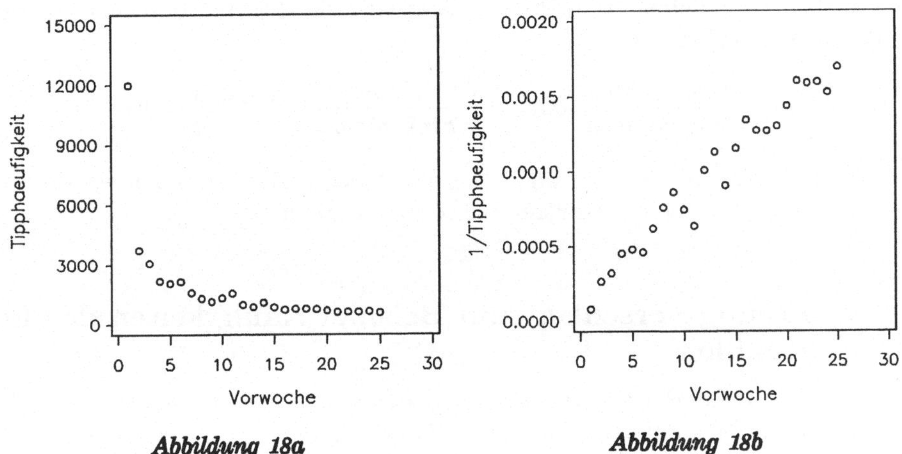

Abbildung 18a

Abbildung 18b

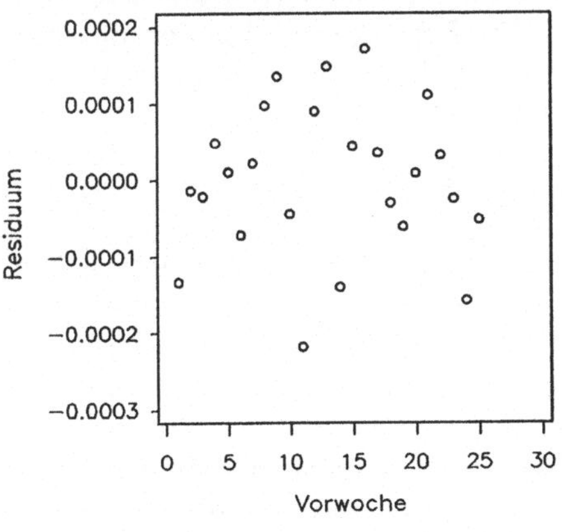

Abbildung 18c

Es gilt somit, dass die Ausgaben für Nahrungsmittel mit steigendem Einkommen absolut wachsen (mit dem Faktor 0.5296).

$F(\alpha \neq 0) = 5316$ und $F(\beta \neq 0) = 497\,836$ nehmen sehr hohe Werte an, somit lässt sich die Gleichung nicht vereinfachen.

Für den Ausgabenanteil in Prozent lässt sich die Regressionsgleichung folgendermassen umformen:

$$\frac{\mathit{Ausgaben}}{\mathit{Einkommen}} 100\% = \left(\frac{114.37}{\mathit{Einkommen}} + 0.5296 \right) 100\%$$

Dies bestätigt die Vermutung, dass mit wachsendem Einkommen der Ausgabenanteil für Nahrungsmittel in Prozenten abnimmt.

20 Lösungsvorschlag zum Beispiel Häufigkeiten der Lottozahlen

In diesem Beispiel ist weder eine Regression der Zahlenbeliebtheit in 11/87 (kurz x) auf die Zahlenbeliebtheit in 06/90 (kurz y) noch die Regression der y auf die x aussagekräftig. Die beiden so erhaltenen Geraden schneiden sich zwar im Schwerpunkt $(\bar{x}, \bar{y})$, sind sonst aber voneinander verschieden. Hier empfiehlt sich die Suche nach der eindeutigen orthogonalen Regressionsgeraden, welche die Summe der Quadrate der Abstände d_i minimiert, wenn wir diese rechtwinklig zur Geraden messen. Die Lösung des Minimierungsproblems $S_{Min} = \sum_{i=1}^{45} d_i^2 = \sum (ax_i + by_i + c)^2$ unter der Nebenbedingung $a^2 + b^2 = 1$ liefert folgende Parametrisierung für die gesuchte Gerade:

$$y = 113\,612 + 2.83 \cdot x\,.$$

Die Gerade des Nullmodells muss auch durch den Schwerpunkt gehen mit der vorgegebenen Steigung von 2.98, was gleichbedeutend ist mit: $y - \bar{y} = 2.98 \cdot (x - \bar{x})$ für alle Punkte (x, y), die sich auf der Geraden befinden. Leider können wir hier den üblichen F–Test nicht anwenden, da dieses Modell keine Varianzzerlegung in zwei unabhängige χ^2–verteilte Komponenten zulässt. Was wir allerdings tun können ist einen Vergleich anzustellen zwischen den Summenquadraten des Nullmodells und des nicht beschränkten Modells. Wir finden $S^0_{Min} = 6.25518 \cdot 10^{10}$ und $S_{Min} = 6.06537 \cdot 10^{10}$. Wir müssen uns auf die rein qualitative Feststellung beschränken, dass die lineare Beschränkung $\beta = 2.98$ das Summenquadrat nicht allzu sehr erhöht, nämlich um rund 3.1%. Ob diese Abweichung als signifikant betrachtet werden kann, lässt sich mit den Standardmethoden nicht sagen.
Den zugehörigen Punkteschwarm zeigt *Abbildung 20a.*

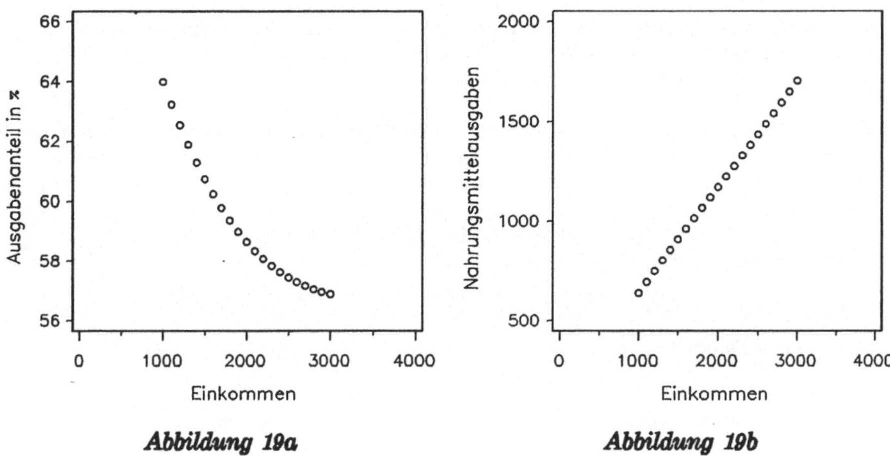

Abbildung 19a ***Abbildung 19b***

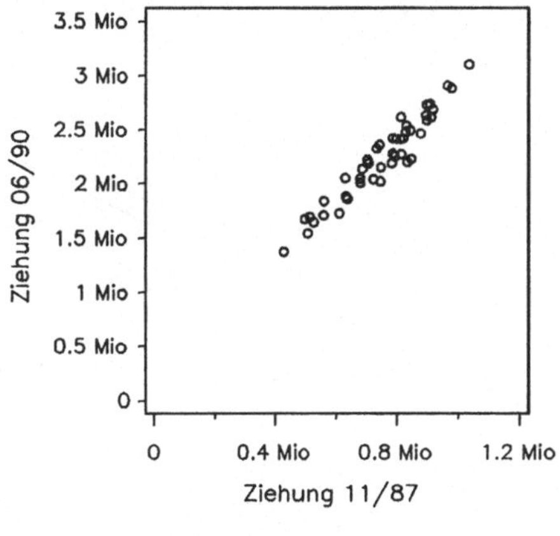

Abbildung 20a

Lösungsbulletin

Geometrisch lässt sich das Problem der orthogonalen Regression folgendermassen beschreiben: gegeben ist ein Punkteschwarm $(x_i, y_i), i = 1, ..., N$ in der Ebene. Gesucht ist diejenige Gerade $G(\varphi)$ durch den Schwerpunkt $(\bar{x}, \bar{y})$, welche die Summe der quadrierten orthogonalen Abstände

$$S(\varphi) = \sum_{i=1}^{N} d_i^2 = \sum_{i=1}^{N} (-\sin\varphi\,(x_i - \bar{x}) + \cos\varphi\,(y_i - \bar{y}))^2$$

minimiert, wobei φ den Winkel zwischen der x–Achse und der Orthogonalen Regressionsgerade bezeichnet (vgl. *Abb.20b*). Den Steigungsparameter β schätzt man, indem man $S(\varphi)$ nach φ minimiert und dann $\hat{\beta} = \tan\hat{\varphi}$ setzt.

Da die orthogonale Regressionsgerade der ersten Hauptachse des Punkteschwarms entspricht, können die Parameterschätzungen mit einem Programm der Hauptkomponentenanalyse errechnet werden: das Programm liefert einem eine Darstellung der ersten Hauptkomponente, etwa

$$1.HK = u_1 \cdot (x - \bar{x}) + u_2 \cdot (y - \bar{y})\ .$$

Zuerst normiert man die Koeffizienten:

$$1.HK = \frac{u_1}{\sqrt{u_1^2 + u_2^2}} \cdot (x - \bar{x}) + \frac{u_2}{\sqrt{u_1^2 + u_2^2}} \cdot (y - \bar{y})\ .$$

Diese zweite Darstellung ist äquivalent zu

$$\cos\varphi\,(x - \bar{x}) + \sin\varphi\,(y - \bar{y}),$$

womit man $\hat{\varphi}$ und daraus $\hat{\beta}$ bestimmt. $\hat{\alpha}$ schätzt man wie üblich durch $\hat{\alpha} = \bar{y} - \hat{\beta}\bar{x}$.
Die Summenquadrate errechnet man als $S_{Min} = S(\hat{\varphi})$ und $S^0_{Min} = S(\varphi_0)$ mit $\varphi_0 = \arctan(\beta_0)$, $\beta_0 = 2.98$.

Abbildung 20b:

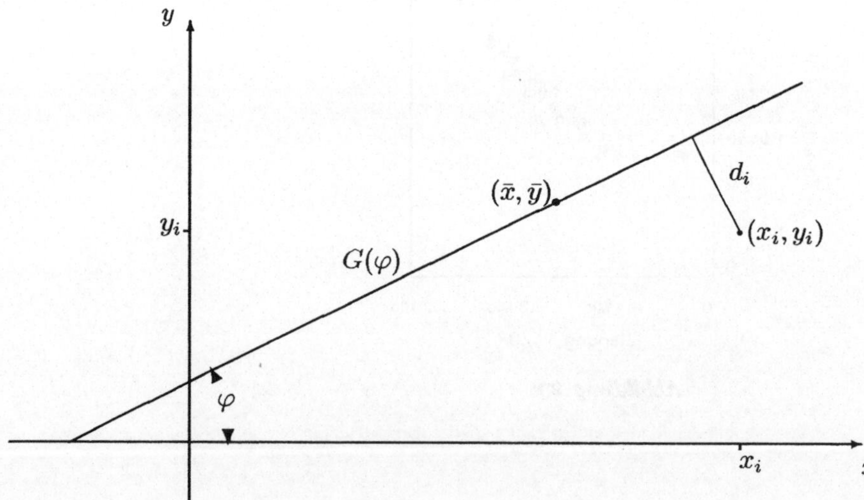

21 Lösungsvorschlag zum Beispiel Weltrekorde im Schwimmen und Schnelllauf

Abbildung 21a zeigt die vier Kurven, die die Weltrekordzeiten in Abhängigkeit der Distanz für (von oben nach unten) Frauen im Schwimmen, Männer im Schwimmen, Frauen im Schnellauf und Männer im Schnellauf darstellt. Wir erkennen, dass ohne Transformation von Variablen keine lineare Regression angebracht ist, denn es treten insbesondere bei den Schwimmrekorden Abweichungen vom linearen Verlauf auf. Zudem streben wir, falls möglich, nicht nur lineare Verläufe, sondern auch annähernde Parallelität der Kurven an. Verschiedene Untersuchungen mit vergleichbarem Zahlenmaterial (vgl. Beispiel Nr.14 über Schwimmweltrekorde) haben gezeigt, dass durch Logarithmieren von Distanzen und Zeiten diese Eigenschaften erreicht werden können. Wie wir in *Abbildung 21b* sehen, trifft dies auch hier zu.
Betrachten wir die vier Regressionsgeraden unabhängig voneinander, so erhalten wir die folgenden Parameter mit den entsprechenden Standardabweichungen:

- Schwimmen Männer:

$$\log(\mathit{Zeit}) = \underset{(0.08380)}{-1.14687} \quad + \underset{(0.0146)}{1.0909} \quad \log(\mathit{Distanz})$$

- Schwimmen Frauen:

$$\log(\mathit{Zeit}) = \underset{(0.08380)}{-0.92236} \quad + \underset{(0.0146)}{1.0674} \quad \log(\mathit{Distanz})$$

- Schnellauf Männer:

$$\log(\mathit{Zeit}) = \underset{(0.0694)}{-2.9281} \quad + \underset{(0.0097)}{1.1265} \quad \log(\mathit{Distanz})$$

- Schnellauf Frauen:

$$\log(\mathit{Zeit}) = \underset{(0.0696)}{-2.9090} \quad + \underset{(0.0097)}{1.1376} \quad \log(\mathit{Distanz})$$

Als nächstes möchte man natürlich prüfen, ob die Steigungen der Geraden signifikant voneinander abweichen. Es sind vier Parallelitätstests möglich:

1. Ein Test auf parallele Geraden beim Schwimmen
2. Ein Test auf parallele Geraden beim Lauf
3. Ein simultaner Test auf jeweils parallele Geraden für Männer und Frauen innerhalb beider Disziplinen

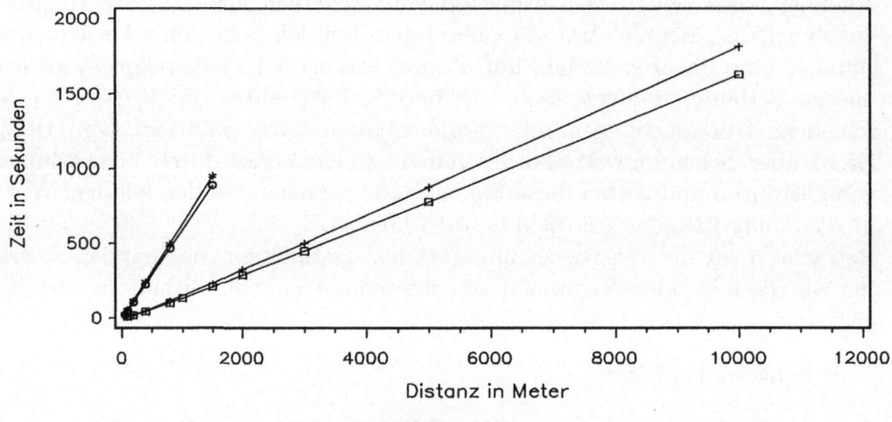

Abbildung 21a

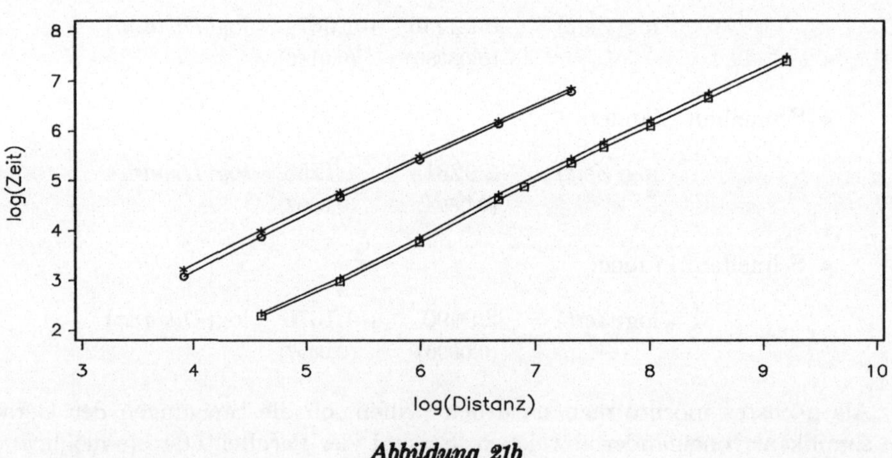

Abbildung 21b

4. Ein Test auf Parallelität aller vier Geraden

Die entsprechenden F–Tests liefern folgende Resultate:

1. $F = 1.30$ bei 1 bzw. 23 Freiheitsgraden
2. $F = 0.66$ bei 1 bzw. 23 Freiheitsgraden
3. $F = 0.98$ bei 2 bzw. 23 Freiheitsgraden
4. $F = 6.74$ bei 3 bzw. 23 Freiheitsgraden

Diese Werte sind zu vergleichen mit den 95%–Quantilen von 4.28 in den ersten beiden Fällen, mit 3.42 unter 3 und mit 3.03 unter 4. Wir können aufgrund dieser Tests unser Modell vereinfachen, indem wir unterschiedliche Steigungsparameter in den Disziplinen belassen, jedoch gleiche Steigung für Männer und Frauen annehmen.
Die Regressionsgleichungen lauten jetzt:

- Schwimmen Männer:

$$\log(\mathit{Zeit}) = \underset{(0.0604)}{-1.0806} \quad \underset{(0.0103)}{+\,1.0792} \quad \log(\mathit{Distanz})$$

- Schwimmen Frauen:

$$\log(\mathit{Zeit}) = \underset{(0.0604)}{-0.9885} \quad \underset{(0.0103)}{+\,1.0792} \quad \log(\mathit{Distanz})$$

- Schnellauf Männer:

$$\log(\mathit{Zeit}) = \underset{(0.0499)}{-2.9672} \quad \underset{(0.0069)}{+\,1.1320} \quad \log(\mathit{Distanz})$$

- Schnellauf Frauen:

$$\log(\mathit{Zeit}) = \underset{(0.0502)}{--2.8698} \quad \underset{(0.0069)}{+\,1.1320} \quad \log(\mathit{Distanz})$$

Als weitere Modellvereinfachung bleibt zu prüfen, ob eventuell zwei Geraden gleichgesetzt werden können, d.h. wir testen die Hypothese

$$H_0 : \mathit{Abstand\ zwischen\ den\ Geraden\ für\ Männer\ und\ Frauen} = 0.$$

Aus diesen F–Tests resultiert: Schwimmen: $F = 14.7$
Lauf: $F = 25.9$

bei jeweils einem und 25 Freiheitsgraden. Beide Werte liegen deutlich über dem 95%–Quantil von 4.24, weshalb wir in beiden Fällen die Nullhypothese verwerfen.
Wir können noch die Gleichungen von oben zurücktransformieren und erhalten schliesslich:

- Schwimmen:

$$Zeit(Männer) = 0.339\,Distanz^{1.079}\ ,$$
$$Zeit(Frauen) = 0.372\,Distanz^{1.079}\ ,$$

- Lauf:

$$Zeit(Männer) = 0.0514\,Distanz^{1.132}\ ,$$
$$Zeit(Frauen) = 0.0567\,Distanz^{1.132}\ .$$

Wir sehen, dass der Faktor $\frac{Zeit(Frauen)}{Zeit(Männer)}$ im Schwimmen 1.097 beträgt, im Lauf 1.103. Das heisst Frauen brauchen im Schnellauf 10.3% mehr Zeit als Männer, im Schwimmen nur 9.7%.
Der tiefere Wert im Exponent beim Schwimmen kann so interpretiert werden, dass Schwimmer über längere Strecken einen geringeren Effizienzverlust gegenüber Kurzstrecken aufweisen als Läufer.

22 Lösungsvorschlag zum Beispiel Länder der Erde

In *Abbildung 22a* sehen wir, dass die Daten ohne Transformation für eine lineare Regression nicht geeignet sind, liegen doch die allermeisten der 190 Punkte in der linken unteren Ecke der Graphik. Durch Logarithmieren der beiden Grössen versuchen wir diese Punkte 'auseinanderzuziehen', was recht gut gelingt, wie in *Abbildung 22b* zu erkennen ist. Dabei wurde für einmal nicht der natürliche Logarithmus angewandt, sondern derjenige zur Basis 10. Dadurch wird die Graphik etwas leichter zu lesen (ein Punkt mit Ordinate=7 entspricht z.B. einem Land mit $10^7 = 10$ Millionen Einwohnern).
Da die Annahme der Linearität hier durchaus angebracht scheint, können wir eine Regressionsgerade berechnen und finden

$$\log_{10}(Einwohner) = \underset{(0.1451)}{3.3195} + \underset{(0.02879)}{0.67295} \cdot \log_{10}(Fläche)\ .$$

Im folgenden bezeichnen wir mit y die Einwohnerzahl und mit x die Fläche eines Landes. Wir haben eine Relation der Form

$$\log_{10} y = \alpha + \beta \cdot \log_{10} x\ ,$$

oder, nach Rücktransformation durch beidseitige Anwendung der Exponentialfunktion $f(x) = 10^x$,

$$y = \alpha' \cdot x^{\beta}\ ,$$

wobei $\alpha' = 10^{\alpha}$. Betrachten wir die Situation, in der $\beta = 1$ ist. In diesem Fall gilt $y = \alpha' \cdot x$, oder

$$\frac{y}{x} = Bevölkerungsdichte\ in\ Einwohner/km^2 = \alpha' = konstant$$

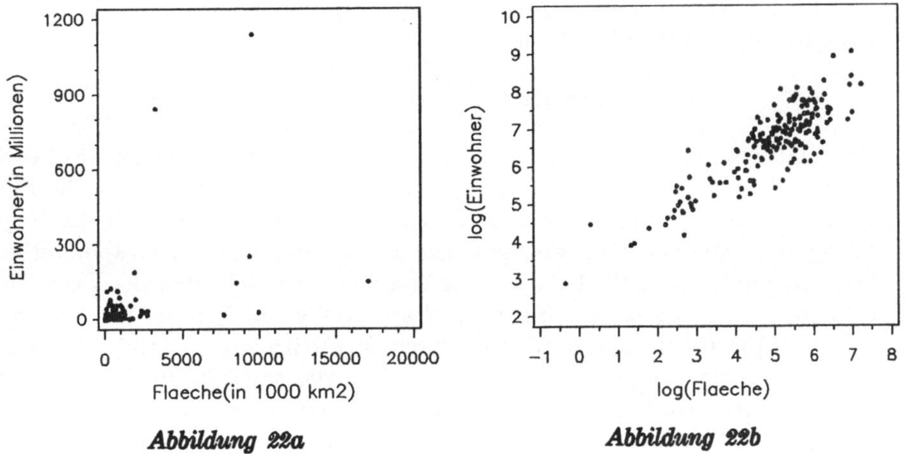

Abbildung 22a

Abbildung 22b

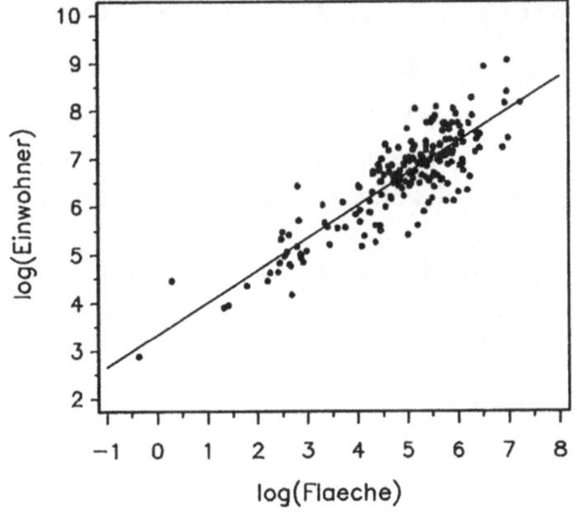

Abbildung 22c

Das heisst also, dass wir mit einem Test auf $H_0 : \beta = 1$ untersuchen, ob die Bevölkerungsdichte in grösseren Ländern sich von derjenigen in kleineren Staaten unterscheidet. Man findet ein F (mit einem und 188 Freiheitsgraden) von über 129, was deutlich über dem 95%–Quantil von rund 3.9 liegt. Da $\hat{\beta} < 1$, können wir sagen, dass kleinere Staaten generell eine höhere Bevölkerungsdichte besitzen als flächengrosse Länder.
Es ist also keine Vereinfachung möglich, somit halten wir folgende Relation zwischen den beiden Grössen fest:

$$\mathit{Einwohnerzahl} = 2087 \cdot \mathit{Fläche}^{0.673} \ .$$

Der relativ 'schöne' Punkteschwarm in *Abbildung 22b* kann einen etwas falschen Eindruck erwecken von der Prognosegenauigkeit der Bevölkerung aus der Fläche. *Abbildung 22c* entspricht exakt *Abbildung 22b*, nur ist hier noch die Regressionsgerade eingezeichnet, welche folgende Interpretation der Graphik erlaubt: liegt ein Punkt in vertikaler Richtung eine halbe Einheit über der Geraden, so bedeutet dies, dass die Bevölkerung des betreffenden Landes um den Faktor $10^{0.5} = 3.16$ unterschätzt wird. Ein Punkt in vertikalem Abstand einer ganzen Einheit von der Regressionslinie heisst, dass die tatsächliche Einwohnerzahl dem Zehnfachen der Schätzung entspricht. Analog stehen die Punkte weit unter der Geraden für Länder, deren Bevölkerungszahl in grobem Masse überschätzt würde. Man kann also aufgrund der Oberfläche eines Landes keine verlässliche Aussage fällen betreffend seiner Einwohnerzahl.

23 Lösungsvorschlag zum Beispiel Laufweltrekorde

In den *Abbildungen 23a* und *23b* sehen wir, dass die Abhängigkeit der Zeit von der gelaufenen Distanz nicht linear ist, sondern eine nach oben gekrümmte Kurve entsteht, was kaum erstaunt: jeder weiss aus eigener Erfahrung, dass man längere Distanzen nicht mit derselben Geschwindigkeit zurücklegen kann wie Sprintstrecken.
Geht man näher auf die gegebenen Daten ein, so findet man als geeignete Transformation folgendes Modell, wo sowohl die Laufzeiten als auch die Distanzen logarithmiert sind (obwohl auch hier noch eine gewisse Abhängigkeit der Residuen besteht, vgl. dazu *Abbildung 23c*, welche die Residuen bei den Männern zeigt):

- Männer:

$$\log(\mathit{Zeit}) = \underset{(0.0768)}{-2.8232} \ + \underset{(0.0097)}{1.1122} \log(\mathit{Distanz})$$

- Frauen:

$$\log(\mathit{Zeit}) = \underset{(0.1295)}{-2.6922} \ + \underset{(0.0224)}{1.1117} \log(\mathit{Distanz})$$

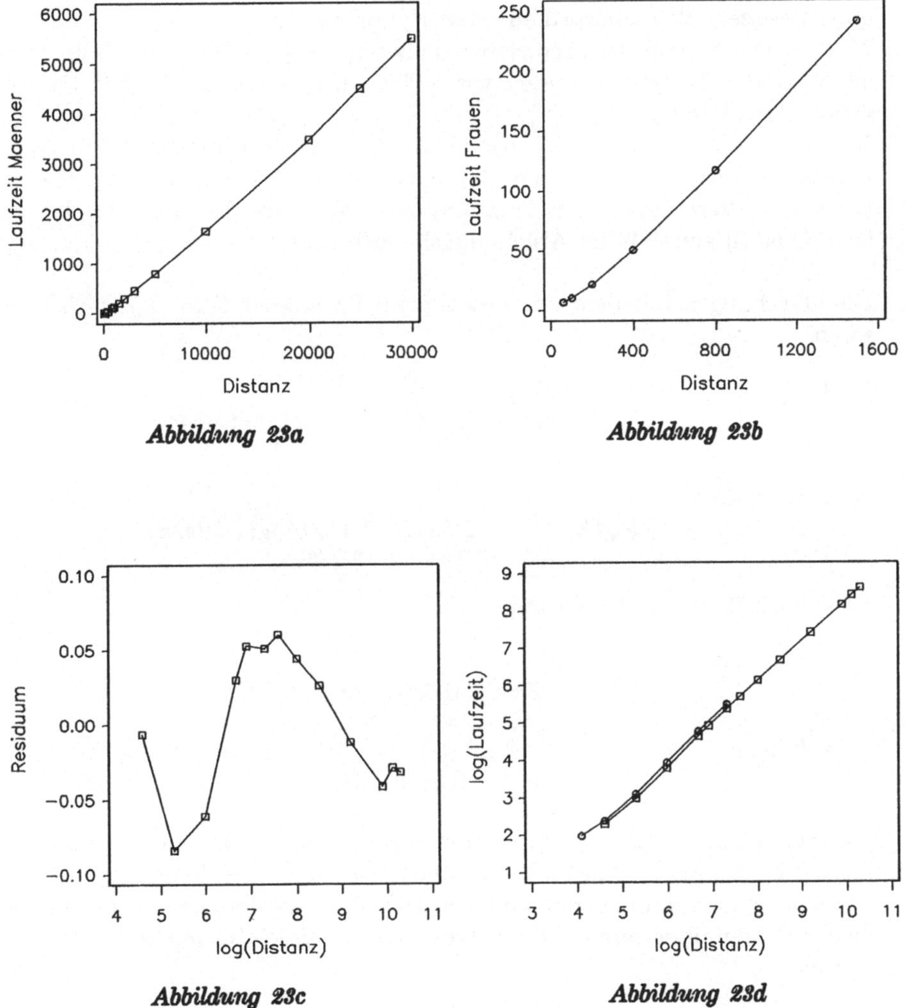

Abbildung 23a

Abbildung 23b

Abbildung 23c

Abbildung 23d

Man beachte, dass der geringere Stichprobenumfang bei den Frauen grössere Standardabweichungen bewirkt. In der *Abbildung 23d* sind diese Gleichungen illustriert.
Nun haben wir vier Parameter in unserem Modell: die Achsenabschnitte α_M, α_F sowie die Steigungsparameter β_M und β_F, jeweils für Männer respektive Frauen. Es stellt sich die Frage, ob man gewisse Parameter gleichsetzen darf. Zuerst muss abgeklärt werden, ob die beiden Regressionsgeraden gleiche Steigung besitzen. Wir überprüfen diese Hypothese ($H_0 : \beta_M = \beta_F$) mit einem F–Test. Die Anzahl der Freiheitsgrade beträgt 1 im Zähler und 15 im Nenner, als Wert der Testgrösse finden wir 0.0005, womit wir die beiden Parameter gleichsetzen können.
Nun testen wir $H_0 : \alpha_M = \alpha_F$ unter der Nebenbedingung $\beta_M = \beta_F$, d.h. wir fragen uns, ob die beiden Regressionsgeraden identisch sind. Die resultierende F–Variable (1,16 FG) nimmt einen Wert von 13.75 an, was bei einem 95%–Quantil von 4.49 im Ablehnungsbereich liegt.

Die Gleichungen mit dem neu geschätzten Parameter β $(= \beta_M = \beta_F)$ lauten somit

- Männer:

$$\log(\mathit{Zeit}) = \underset{(0.0686)}{-2.8225} + \underset{(0.0086)}{1.1121} \log(\mathit{Distanz})$$

- Frauen:

$$\log(\mathit{Zeit}) = \underset{(0.0545)}{-2.6947} + \underset{(0.0086)}{1.1121} \log(\mathit{Distanz}) \,,$$

oder, nach Rücktransformation,

- Männer:

$$\mathit{Zeit} = 0.0595 \cdot \mathit{Distanz}^{1.112}$$

- Frauen:

$$\mathit{Zeit} = 0.0676 \cdot \mathit{Distanz}^{1.112} \,.$$

Als weitere interessante Information erkennen wir, dass die Laufzeiten der Frauen etwa um den Faktor 1.136 über denjenigen der Männer liegen. Diese Tatsache muss allerdings mit Vorsicht betrachtet werden, da nur die Weltrekorde der Frauen über einen Teil der Laufstrecken in der Rechnung berücksichtigt wurden.

24 Lösungsvorschlag zum Beispiel Gewinnsumme für fünf Zahlen

Theoretisch ist die Gewinnchance für 5 Richtige 1:35724. Die Höhe des Gewinns richtet sich nach der Anzahl abgegebener Tips (Einsatzsumme) und nach der

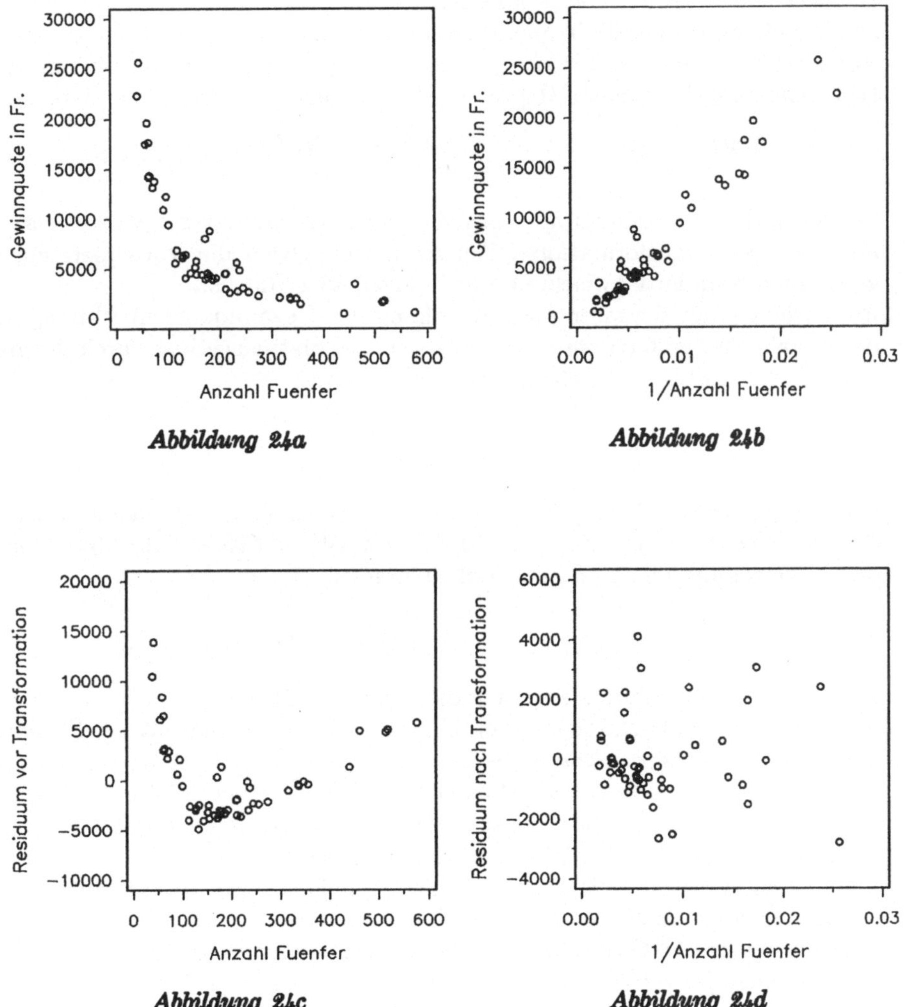

Abbildung 24a

Abbildung 24b

Abbildung 24c

Abbildung 24d

Anzahl der Mitgewinner. Sind diese beiden Grössen bekannt, so kann die erwartete Anzahl Gewinner und die Gewinnhöhe ermittelt werden. In Wirklichkeit zeigt sich aber, dass die Anzahl der Gewinner stark schwankt: oft gibt es mehr oder weniger Gewinner als zu erwarten wäre, was auf klar bevorzugte Zahlenkombinationen zurückzuführen ist. Das Punktediagramm (*Abb. 24a*) zeigt die Gewinnsumme für fünf Gewinnzahlen in Abhängigkeit der Anzahl Fünfer. Die Nichtlinearität der Daten ist offensichtlich. Es ist möglich, diese nichtlineare Beziehung durch die Transformation der unabhängigen Variablen *Anzahl Fünfer* in *1/Anzahl Fünfer* in eine annähernd lineare Beziehung überzuführen (vgl. *Abb. 24b*). Die lineare Regression liefert folgenden Zusammenhang:

$$Gewinnquote \quad = \underset{(342.13)}{-966.762} \quad + \quad \underset{(36\,653)}{1\,019\,492\,\frac{1}{Anzahl\ F\ddot{u}nfer}}$$

Der dazugehörige Residualplot (*Abb. 24d*) zeigt ein zufälligeres Muster als etwa noch vor der Transformation (*Abb. 24c*), wenngleich die Voraussetzung der konstanten Standardabweichung nur mangelhaft erfüllt ist.
Ein leicht memorisierbarer Zusammenhang der Gewinnquote in Abhängigkeit der Anzahl Fünfer kann ohne allzu grossen Informationsverlust durch die grobe Vereinfachung obiger Gleichung gegeben werden:

$$Gewinnquote = \left(\frac{1\,000}{Anzahl\ F\ddot{u}nfer} - 1\right) \cdot 1\,000$$

Die Varianzanalyse liefert, dass die beiden Geraden nicht signifikant voneinander abweichen, denn: $F(\alpha = -1\,000, \beta = 1\text{ Mio}) = 0.576 < 3.19$=95%–Quantil der F–Verteilung mit 2 und 50 Freiheitsgraden.

25 Lösungsvorschlag zum Beispiel Betonziegel

In diesem Modell interessieren uns die Gruppenmittelwerte nicht direkt. Wir betrachten diese als Realisierungen einer Normalverteilung mit der Standardabweichung σ_A, die zu schätzen ist.
In *Abbildung 25a* sind die gegebenen Daten in geeigneter Weise dargestellt: für jeden Zementsack sind vertikal übereinander die Druckfestigkeit der drei gefertigten Ziegel (als Punkte) und deren Mittelwert (als Strich) angegeben. Es entsteht der Eindruck, dass die Unterschiede der Mittelwerte für die verschiedenen Säcke nicht zufällig sind. So erstaunt es denn auch nicht, dass eine Varianzanalyse (ANOVA) die Hypothese gleicher Mittelwerte $\mu_1, \mu_2, ..., \mu_{30}$ für alle Zementsäcke verwirft. Der entsprechende F-Wert von 9.6 mit 29 resp. 60 Freiheitsgraden liegt bei Vorgabe einer Sicherheitsschwelle von 5% deutlich im Ablehnungsbereich, denn das entsprechende F–Quantil beträgt 1.65. Die Ablehnung der Nullhypothese ist äquivalent mit der Aussage, dass die Mittelwerte je Sack sich wesentlich voneinander unterscheiden. Wir können also davon ausgehen, dass mindestens zwei Mittelwerte signifikant voneinander abweichen.

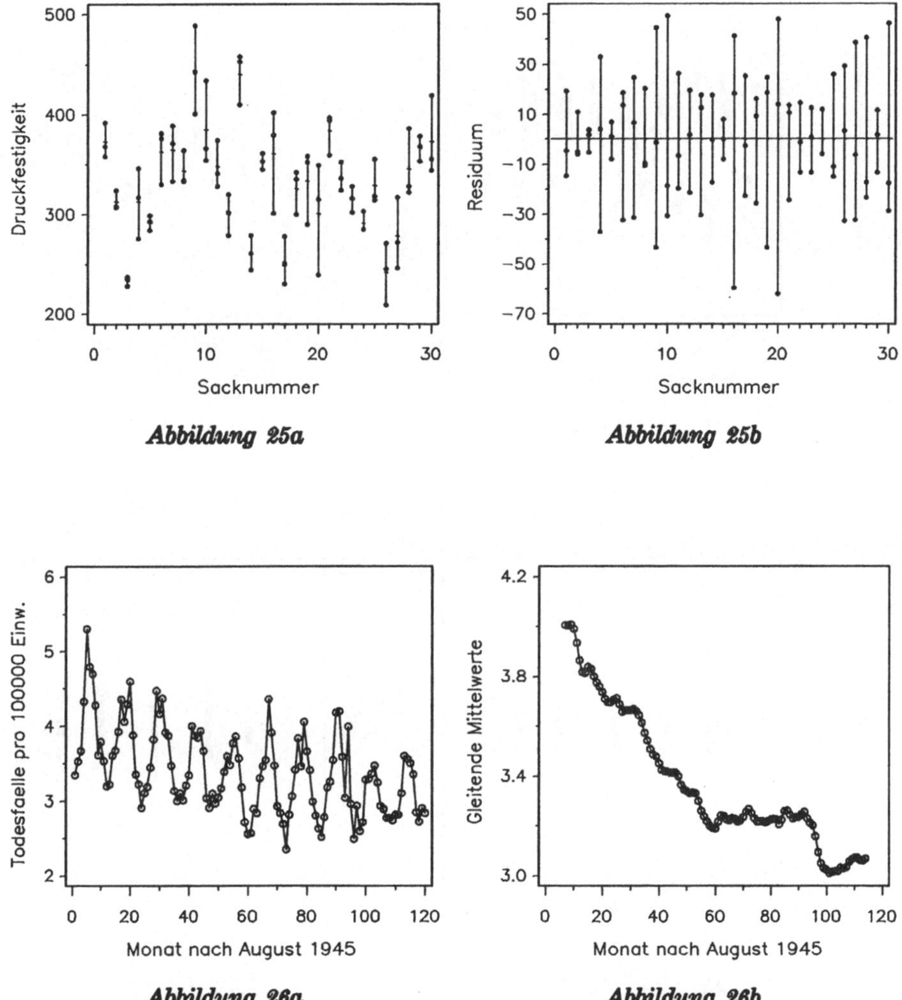

Abbildung 25a

Abbildung 25b

Abbildung 26a

Abbildung 26b

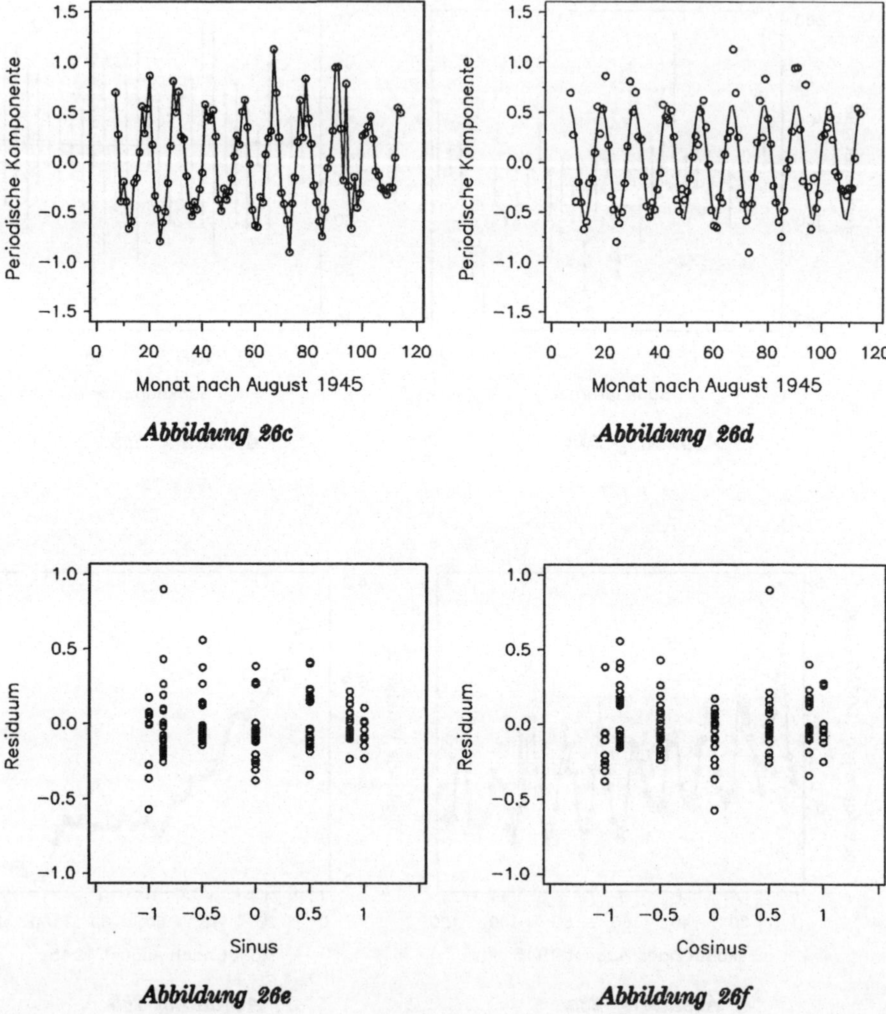

Abbildung 26c

Abbildung 26d

Abbildung 26e

Abbildung 26f

Nun möchte man das Ergebnis auch durch ein Mass der Variabilität zwischen den Säcken beschreiben. Ein erwartungstreuer Schätzer für die Streuung zwischen den Gruppen liefert

$$\hat{\sigma}_A = 48.59.$$

Diese geschätzte Standardabweichung zwischen den Mittelwerten ist fast doppelt so gross wie die Standardabweichung innerhalb der Gruppen $\hat{\sigma} = 28.69$.

26 Lösungsvorschlag zum Beispiel Lungenentzündung

Betrachten wir *Abbildung 26a*, die den Verlauf unserer Daten illustriert. Zwei Phänomene fallen besonders auf. Erstens besteht eine nicht zu übersehende jahreszeitliche Schwankung, und zweitens scheint im beobachteten Jahrzehnt generell ein rückläufiger Trend bestanden zu haben.
Wir werden im folgenden schrittweise vorgehen:

1. Im ersten Schritt wird der Trend mit Hilfe gleitender Mittelwerte (Moving–Average–Methode) eliminiert.
2. Im zweiten Schritt wird versucht, die saisonalen Schwankungen durch eine Sinuskurve zu approximieren.
3. Zuletzt wird noch die Gültigkeit der Voraussetzungen des Modells untersucht.

1. Sei r_t die Todesrate im Monat t, wobei t die Zeit in Monaten nach August 1945 bezeichne, also $t = 1$ im September 1945, ..., $t = 120$ im August 1955. Die gleitenden Mittelwerte der Ordnung 12, g_t, erhält man folgendermassen:

$$g_t = \frac{1}{12}\left[r_{t-5} + r_{t-4} + \ldots + r_{t+4} + r_{t+5} + \frac{1}{2}(r_{t-6} + r_{t+6})\right]$$

g_t gibt das Jahresmittel von r_t zentriert im Monat t an. Wie aus der Definition zu erkennen ist, können sie für die ersten und letzten sechs Werte nicht gebildet werden. Unsere neue Zeitreihe g_t läuft nur noch von $t = 7$ bis 114, die Zahl der Beobachtungen wurde damit auf 108 reduziert.
Abbildung 26b zeigt, dass die Reihe der g_t recht glatt ist, also keine grossen Ausschläge mehr aufweist. Der erste Eindruck, dass die relative Zahl der Todesfälle infolge Lungenentzündung im beobachteten Zeitabschnitt zurückgegangen ist, wird bestätigt.
Um den bestehenden Trend aus der Reihe r_t auszuschalten, definieren wir

$$y_t = r_t - g_t, \quad t = 7, 8, \ldots, 114.$$

In *Abbildung 26c* ist der Verlauf von y_t dargestellt. Die Werte scheinen nun gleichmässig um Null zu schwingen, was Voraussetzung ist für eine gute Approximation durch eine Sinus–Kurve.

2. Als Grundmodell einer Sinus–Schwingung setzen wir

$$y = A \cdot \sin(\omega t + \varphi) .$$

φ ist ein Lageparameter für die Kurve in horizontaler Richtung, d.h. eine Veränderung von φ hat eine Verschiebung der Kurve in horizontaler Richtung zur Folge. ω bestimmt die Dauer einer Periode: da die Periodenlänge in unserem Beispiel bekannt ist als $T = 12$ Monate, errechnet man den Parameter ω als $\omega = \frac{2\pi}{T} = \frac{\pi}{6}$. A steht für die Amplitude, es beurteilt also die Stärke der Schwankungen.
Es kann nun gezeigt werden, dass

$$A \cdot \sin(\omega t + \varphi) = \beta_1 \sin(\omega t) + \beta_2 \cos(\omega t)$$

mit $A = \beta_1^2 + \beta_2^2$ und $\varphi = \arctan(\frac{\beta_2}{\beta_1})$. Wir erkennen, dass es uns diese Transformation ermöglicht, eine lineare Beziehung zwischen der Zielgrösse y und den direkt berechenbaren Ausdrücken $\sin(\omega t)$ und $\cos(\omega t)$ zu beschreiben.
Die Kleinstquadratmethode führt zur Schätzung

$$\hat{y}_t = \underset{(0.02654)}{-0.15887} \sin(\omega t) - \underset{(0.02654)}{0.56119} \cos(\omega t) .$$

Um zu überprüfen, ob die periodischen Schwankungen zufälliger Natur sein können, testet man die Hypothese

$$H_0 : \beta_1 = \beta_2 = 0 .$$

Man findet $F = 258.8$ (2 bzw. 106 Freiheitsgrade), was bei einer Sicherheitsschranke von 3.09 ($\alpha = 5\%$) im Ablehnungsbereich liegt.
Nach Umwandlung in die erste Form erhalten wir die Schätzungsgleichung

$$\hat{y}_t = 0.3402 \cdot \sin(\frac{\pi t}{6} + 1.295) .$$

In *Abbildung 26d* wird ersichtlich, wie gut sich die Sinuskurve der $\hat{y}_t$ an diejenige der y_t anschmiegt.

3. Nun gilt es noch, die Residuen zu untersuchen. Wie in jedem linearen Regressionsmodell müssen sie unabhängig sein von den Einflussgrössen, im vorliegendem Beispiel also von $\sin(\omega t)$ und $\cos(\omega t)$. *Abbildungen 26e* und *26f* zeigen, dass eine gewisse Abhängigkeit nicht ganz auszuschliessen

ist, insbesondere vom Cosinus. Da die Variablen $\sin(\omega t)$ und $\cos(\omega t)$ je nur sieben Werte annehmen, können wir mit einer Varianzanalyse (F–Test auf gleiche Mittelwerte) formal beurteilen, ob das vorhandene Mass an Abhängigkeit noch im Rahmen liegt. Wir finden im ersten Fall (Abhängikeit vom Sinus) ein F von 2.21 und im zweiten Fall (Cosinus) 1.43 . Die 5%–Sicherheitsschranke bei 6 respektive 101 Freiheitsgraden beträgt 2.20, einer der Werte liegt also unmittelbar über dieser Grenze. Da der Test unter 2. ziemlich klar ausfiel, drücken wir ein Auge zu und betrachten das Modell als zutreffend, obwohl wir streng gesehen die Hypothese der Unabhängigkeit der Residuen von der Einflussgrösse $\cos(\omega t)$ ablehnen müssten, was an sich eine Verletzung einer Bedingung der linearen Regression bedeutet.

27 Lösungsvorschlag zum Beispiel Barometerdruck

Der Ansatz linearer Abhängigkeit scheint auf den ersten Blick recht zutreffend, wie *Abbildung 27a* zeigt. Die zugehörigen Residuen in *Abbildung 27b* erfüllen allerdings die üblichen Kriterien der Unabhängigkeit und konstanter Variabilität keineswegs.
Schon Lambert vermutete, dass eine logarithmische Transformation des Drucks zu einem besseren Modell führt. Wir wählen hier den natürlichen Logarithmus, jedoch würde ein Logarithmieren mit beliebiger Basis zu äquivalenten Resultaten führen. Daraus ergeben sich die Punktediagramme in den *Abbildungen 27c* und *27d*. Die Residuen scheinen nun einigermassen zufällig verteilt zu sein und genügen den oben genannten Anforderungen bedeutend besser.
Die Schätzung der Koeffizienten nach der Kleinstquadrat-Methode führt zur Regressionsgleichung

$$Höhe = \underset{(135)}{24\,769} - \underset{(24.0)}{4259.1} \log(Barometerdruck).$$

Hätte man das eingangs erwähnte lineare Modell

$$Höhe = \underset{(75.7)}{4985.2} - \underset{(0.265)}{14.989}\, Barometerdruck$$

betrachtet, ohne näher auf die Natur der Residuen einzugehen, so hätte man zum falschen Schluss kommen können, die zugrunde liegende Annahme sei richtig, denn auch hier ist der Korrelationskoeffizient mit 0.9983 noch sehr hoch. Dies bestätigt, dass man sich davor hüten sollte, solche statistischen Masszahlen überzubewerten, ohne auf qualitative Eigenschaften der Daten, wie hier die Abhängigkeit der Residuen von der Einflussgrösse, einzugehen.

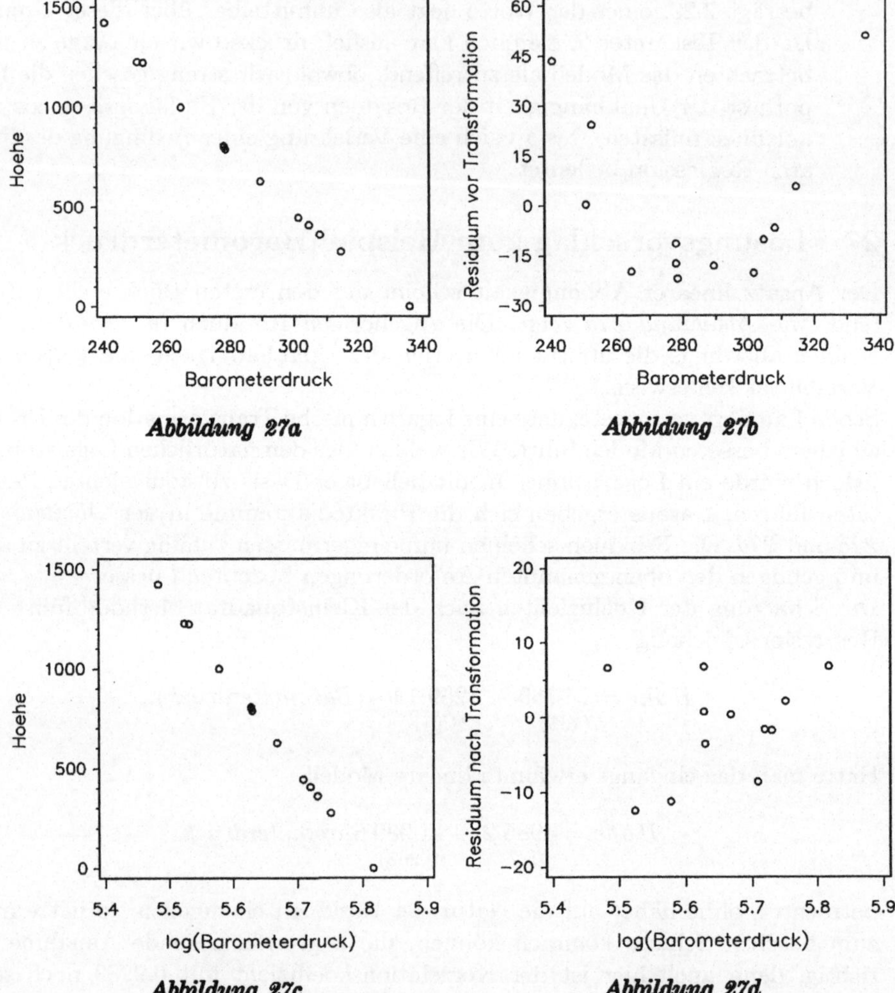

Abbildung 27a

Abbildung 27b

Abbildung 27c

Abbildung 27d

28 Lösungsvorschlag zum Beispiel kanadisches Zahlenlotto

Wir postulieren eine lineare Regression gemäss

$$Prozent = \alpha + \beta \cdot gezogen + \gamma \cdot Nummer$$

und finden die Schätzungen
$$\begin{aligned} \hat{\alpha} &= 1.0480 &&, \text{S.A. } 0.3772 \\ \hat{\beta} &= 0.012824 &&, \text{S.A. } 0.003213 \\ \hat{\gamma} &= -.022666 &&, \text{S.A. } 0.002463 \end{aligned}$$

Abbildung 28a stellt die Schätzwerte $\widehat{Prozent} = \hat{\alpha} + \hat{\beta} \cdot gezogen + \hat{\gamma} \cdot Nummer$ den wahren *Prozent*–Werten gegenüber. Es drängt sich keine Variablentransformation auf, die Linearitätsannahme wird nicht verletzt. *Abbildung 28b* und *28c* lassen keine systematische Abhängigkeit der Residuen von den erklärenden Variablen erkennen. Einzig der etwas extreme Wert für die Zahl 7 stört. Deshalb wiederholen wir unsere Ausrechnungen unter Ausschluss dieses Falles:

$$\begin{aligned} \hat{\alpha}' &= 1.5205 &&, \text{S.A. } 0.3212 \\ \hat{\beta}' &= 0.008149 &&, \text{S.A. } 0.002778 \\ \hat{\gamma}' &= -.019658 &&, \text{S.A. } 0.002092 \end{aligned}$$

Der Unterschied zwischen den jeweiligen Schätzern mit bzw. ohne die Nummer 7 liegt in allen drei Fällen bei rund einer Standardabweichung, was keine allzu grobe Abweichung bedeutet. Das Vorliegen von zwei Schätzern für denselben Parameter bereitet uns hier ohnehin keine Schwierigkeiten, da sämtliche t–Werte für die jeweiligen Tests auf $H_0 : Parameter = 0$ eindeutig im Ablehnungsbereich liegen (überall gilt $p < 1\%$).
Wir halten also fest:
$\beta \neq 0$: Es besteht Grund zur Annahme, dass ein Grossteil der Lottospieler die veröffentlichten Daten über die Ziehungshäufigkeiten der Zahlen kennt und sich beim Tippen danach richtet.
$\gamma \neq 0$: Es stellt sich auch hier heraus, dass sich tiefere Zahlen tendenziell einer grösseren Tippbeliebtheit erfreuen als höhere.

Interessant an diesem Beispiel ist die Tatsache, dass sich im Modell

$$Prozent = \alpha + \beta \cdot gezogen$$

der Parameter β als nicht signfikant von Null verschieden herausstellt ($\hat{\beta} = 0.003436$, S.A. $0.005082 \rightarrow |t| = 0.67614 < 2.01 = t_{47;0.975}$), d. h. die Variable *gezogen* wird erst dann von Bedeutung für die Schätzung von *Prozent*, wenn sie zusammen mit einer andern Einflussgrösse, nämlich *Nummer* im Modell auftritt. Als Illustration dazu siehe *Abbildung 28d.*
Die andere unabhängige Variable, *Nummer*, erweist sich auch im einfachen Modell

$$Prozent = \alpha + \beta \cdot Nummer$$

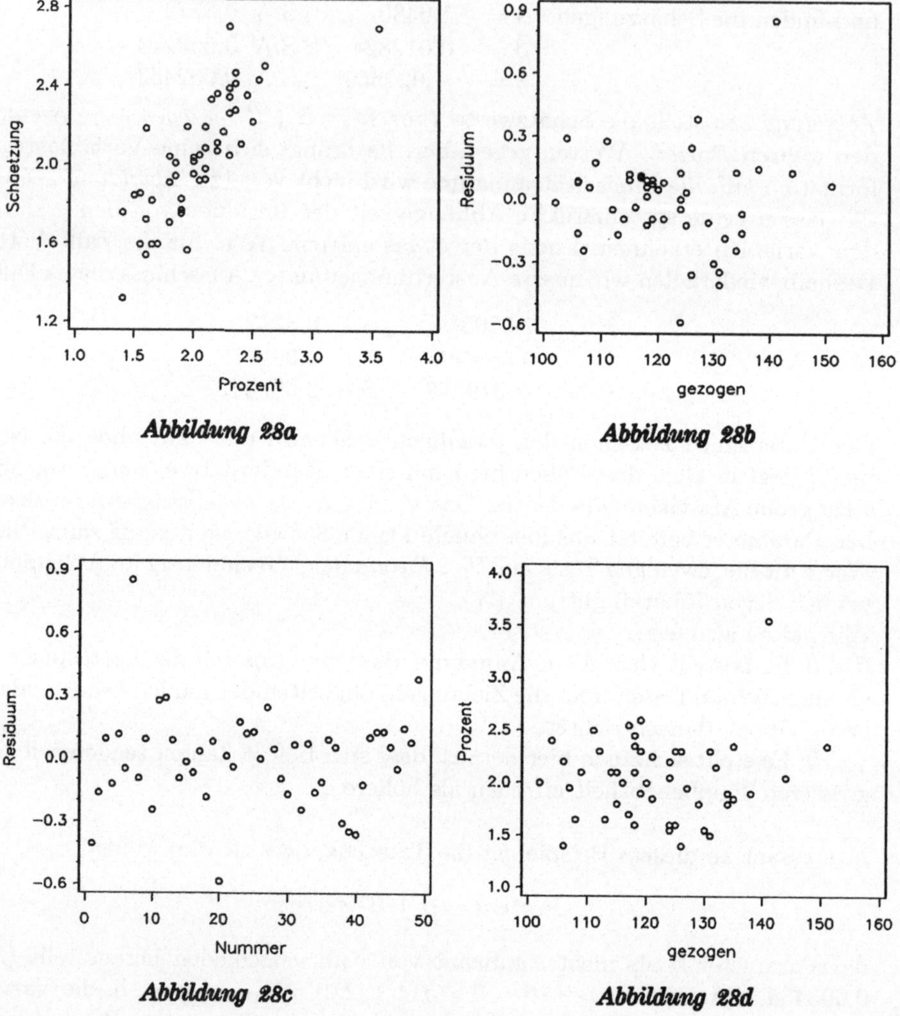

Abbildung 28a *Abbildung 28b*

Abbildung 28c *Abbildung 28d*

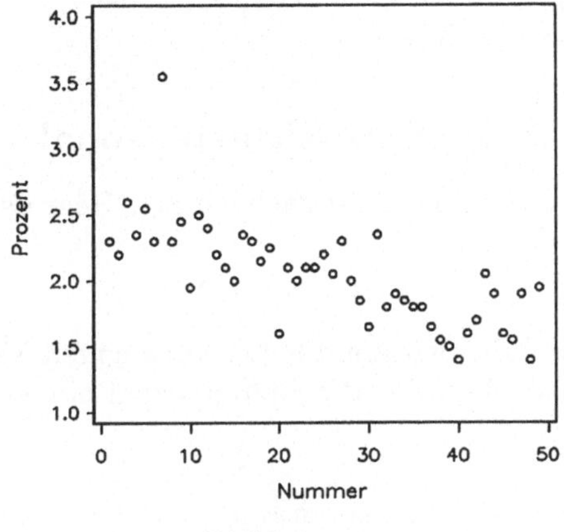

Abbildung 28e

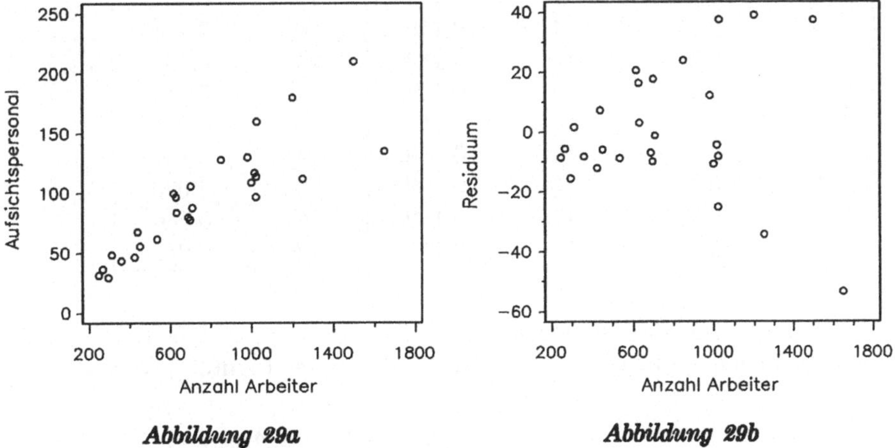

Abbildung 29a

Abbildung 29b

als von signifikantem Einfluss, wie sich anhand von *Abbildung 28e* erahnen lässt: $\hat{\beta} = 0.01955$, S.A. $0.00268 \rightarrow t = -7.29$, wovon auch hier wieder der Betrag mit dem 97.5%–Quantil der t–Verteilung mit 47 Freiheitsgraden zu vergleichen ist (=2.01), da es sich um einen zweiseitigen Test handelt.

In den beiden letzten Modellen ergibt die Auswertung ohne den Extremwert Nr. 7 auch wieder leichte Veränderungen in den Parameterschätzungen, an der qualitativen Interpretation jedoch ändert sich nichts.

29 Lösungsvorschlag zum Beispiel Aufsichtspersonal

Die *Abbildungen 29a* und *29b* zeigen, dass das eine einfache lineare Regression der Form

$$\mathit{Aufsichtspersonal} = \alpha + \beta \cdot (\mathit{Anzahl\ Arbeiter})$$

in diesem Beispiel nicht angebracht ist: die Variabilität der abhängigen Variablen (*Aufsichtspersonal*) nimmt mit wachsender Beschäftigtenzahl eindeutig zu.

Wir wollen prüfen, ob die Zahl der beschäftigten Arbeiter pro Aufsichtsperson unabhängig von der Grösse des Betriebes konstant bleibt. Zu diesem Zweck betrachten wir die Quotienten $\frac{\mathit{Aufsichtspersonal}}{\mathit{Arbeiter}}$:

Betrieb	Quotient	Betrieb	Quotient	Betrieb	Quotient
1	0.102	10	0.112	19	0.151
2	0.123	11	0.116	20	0.151
3	0.139	12	0.133	21	0.133
4	0.123	13	0.124	22	0.156
5	0.111	14	0.155	23	0.095
6	0.158	15	0.163	24	0.150
7	0.124	16	0.109	25	0.090
8	0.116	17	0.112	26	0.140
9	0.155	18	0.115	27	0.082

In *Abbildung 29c* sind die Punktepaare (*Arbeiterzahl, Quotient*) für die 27 Unternehmungen abgetragen. Unser Regressionsmodell lautet jetzt also

$$\frac{\mathit{Aufsichtspersonal}}{\mathit{Arbeiter}} = \alpha + \beta(\mathit{Anzahl\ Arbeiter})\,.$$

Die Verteilung der aus diesem Modell resultierenden Residuen (*Abbildung 29d*) erscheint einigermassen zufällig, d.h. es sind keine augenfälligen Regelmässigkeiten auszumachen.

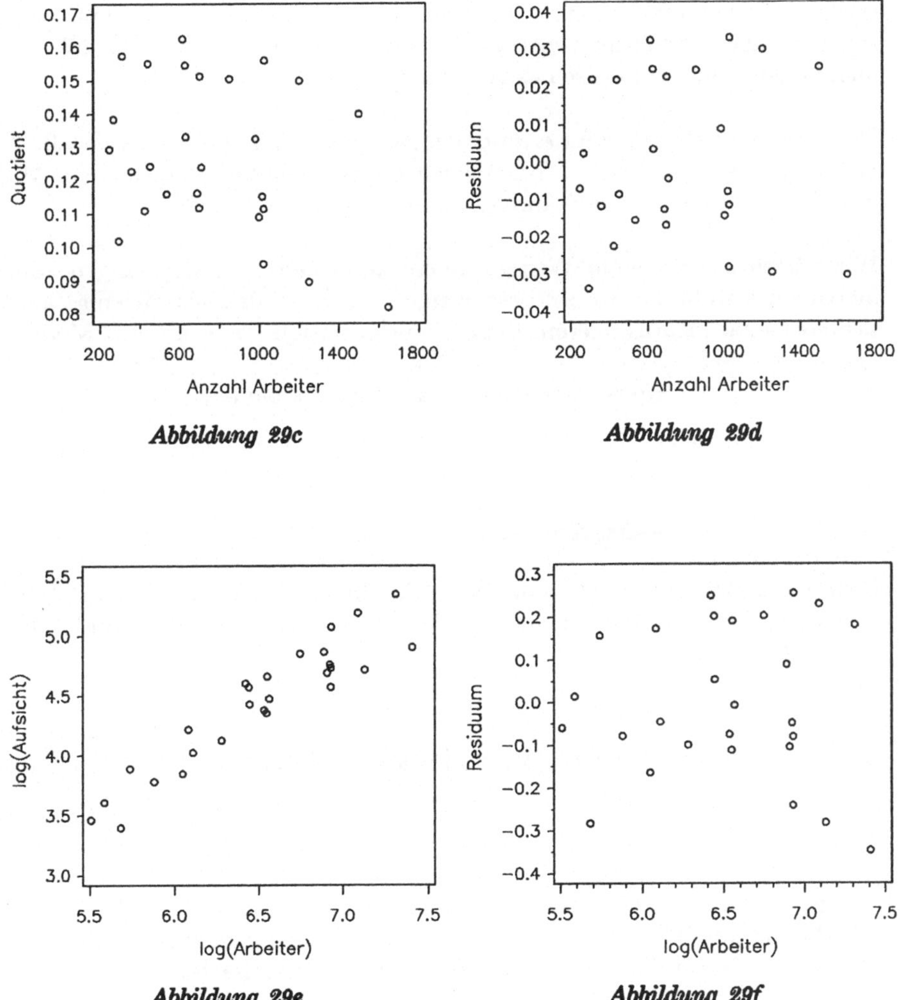

Abbildung 29c

Abbildung 29d

Abbildung 29e

Abbildung 29f

Die Methode der kleinsten Quadrate führt uns zu den Parameterschätzungen

$\hat{\alpha} = \quad 0.1408 \quad$ (Standardabweichung 0.00967) und

$\hat{\beta} = \quad -1.755 \cdot 10^{-5} \quad$ (Standardabweichung $1.145 \cdot 10^{-5}$).

Um die Hypothese der Konstanz des Quotienten zu prüfen, müssen wir die lineare Beschränkung $\beta = 0$ untersuchen. Eine Varianzanalyse liefert einen F–Wert von 2.347 bei einem bzw. 25 Freiheitsgraden, was einen p-Wert von 0.138 ergibt. Wir können also die Hypothese $\beta = 0$ nicht verwerfen und nehmen somit an, das Verhältnis zwischen *Aufsichtspersonal* und *Anzahl Arbeiter* sei unabhängig von der Grösse des Betriebes.

Die Parameterschätzung für α unter der Nebenbedingung $\beta = 0$ ist $\hat{\alpha} = 0.12754$. Wie man aus dem oberen Modell leicht erkennt, entspricht diese dem Mittelwert des Quotienten. Die Standardabweichung beträgt 0.00433.

Wir hätten auf anderem Weg zu einem ähnlichen Modell gelangen können, indem wir sowohl die Anzahl beschäftigter Arbeiter als auch diejenige an Aufsichtspersonal logarithmieren: diese Transformation hätte uns ein Modell der Form

$$\textit{Aufsichtspersonal} = \alpha\,(\textit{Anzahl Arbeiter})^{\beta}\ ,$$

geliefert (vgl. dazu *Abb. 29e* und die Residuen in *Abb. 29f*). Die Hypothese $\beta = 1$ kann nicht verworfen werden, was uns die Vereinfachung erlaubt zu

$$\textit{Aufsichtspersonal} = \alpha\,(\textit{Anzahl Arbeiter})\ .$$

Dies entspricht dem Modell von oben. Allerdings finden wir für den Parameter α einen anderen Schätzwert, da die Werte hier anders gewichtet sind, nämlich $\hat{\alpha} = 0.12553$.

30 Lösungsvorschlag zum Beispiel Wert von Goldmünzen

Eine Möglichkeit der Darstellung dieser dreidimensionalen Daten in der zweidimensionalen Ebene besteht darin, auf den beiden Koordinatenachsen die zwei Einflussgrössen abzutragen und die Zielgrösse durch verschieden grosse Kreise auszudrücken. Auf diese Weise sind unsere Daten in *Abbildung 30a* illustriert. Der Radius eines Kreises ist proportional zum Wert der entsprechenden Münze. Mit dem einfachen linearen Ansatz finden wir als Parameter:

$$\textit{Wert} = \underset{(270.97)}{-14.99} + \underset{(3.4723)}{7.1746}\,\textit{Alter} - \underset{(150.88)}{564.64}\,\textit{Auflage}\ .$$

Um zu prüfen, ob dieses Modell angebracht ist, betrachten wir die Plots der Residuen ($\hat{\mu}_{Wert}(\textit{Alter}, \textit{Auflage}) - \textit{Wert}$) in Abhängigkeit der beiden erklärenden Variablen. Diese sollten dieselben Kriterien erfüllen wie bei einer einfachen

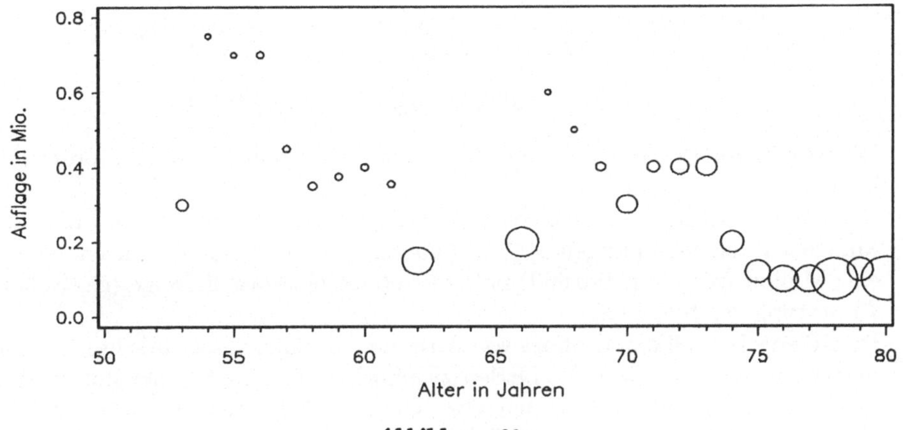

Abbildung 30a

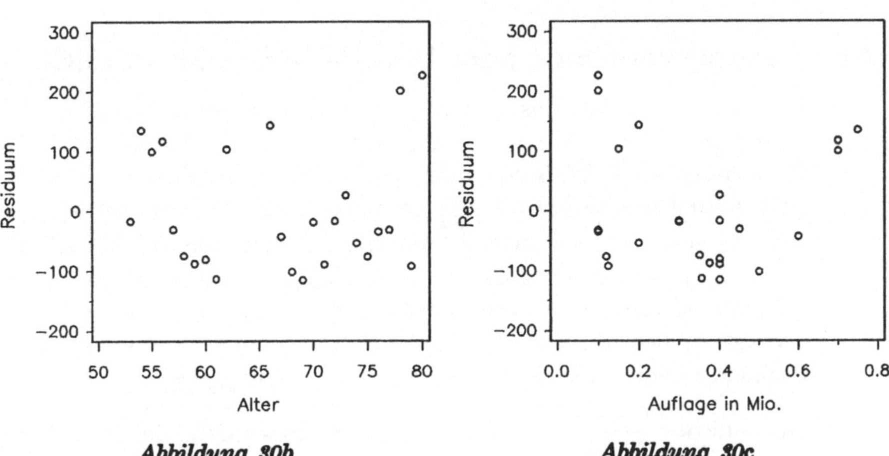

Abbildung 30b ***Abbildung 30c***

Regression. Wie wir in den *Abbildungen 30b* und *30c* erkennen, ist dies allerdings nicht gewährleistet, besteht doch insbesondere zwischen den Residuen und der Auflage eine nicht zu übersehende nichtlineare Abhängigkeit und die Variabilität der Residuen nimmt mit wachsender Auflage ab.
Motiviert durch diese Symptome logarithmieren wir den Wert der Münzen. So erhalten wir folgende Regressionsgleichung:

$$\log(\mathit{Wert}) = \underset{(0.8393)}{4.5148} + \underset{(0.010756)}{0.024896}\,\mathit{Alter} - \underset{(0.4674)}{2.3937}\,\mathit{Auflage}$$

$$\Longleftrightarrow \quad \mathit{Wert} = 91.36 \cdot 1.025^{\mathit{Alter}} \cdot 0.091^{\mathit{Auflage}} \quad .$$

Die Residualplots (*Abb. 30d* und *30e*) entsprechen nun unseren Anforderungen besser.
Die letzte Gleichung erlaubt folgende Interpretation: eine um ein Jahr ältere Münze wird zu einem ungefähr 2.5% höheren Preis gehandelt, während eine um eine Million (resp. um 100 000) höhere Auflage eine fast 91%-ige (ca. 21%-ige) Abwertung zur Folge hat.
Dass dieses Modell den Einfluss von Alter und Auflage besser beschreibt, erkennt man auch daran, dass die beiden zugehörigen Parameter hier mit stärkerer Signifikanz von Null verschieden sind als oben. Zum Beispiel hätten wir den Parameter des Alters bei einer Sicherheitsschwelle von 5% im ersten Modell gleich Null setzen dürfen (da $F(\mathit{Parameter} \neq 0) < F_{0.95}$), bei logarithmierter Zielgrösse trifft dies nicht mehr zu.

31 Lösungsvorschlag zum Beispiel Primzahlstatistik

1. Es scheint natürlich, das Verhältnis $\frac{x}{\pi(x)}$ zu berechnen, aus dem man sehen kann, welcher Anteil der Zahlen bis zu einem festgesetzten Punkt Primzahlen sind. Während man von einer Zehnerpotenz zur nächsten geht, nimmt das Verhältnis $\frac{x}{\pi(x)}$ um ungefähr 2.3 zu, was Anlass zur Vermutung gibt, $\pi(x)$ sei ungefähr gleich $\frac{x}{\log x}$ (denn $\log 10 = 2.30258$). Die Entdeckung des Primzahlsatzes, der besagt, dass das Verhältnis $\pi(x) : \frac{x}{\log x}$ mit wachsendem x nach 1 strebt, kann bis auf Gauss um 1792 zurückverfolgt werden. Eine weitere Motivation für diese Transformation liefert das nahezu konstante Verhalten des Quotienten $\frac{\pi(x)}{\pi(x/10)}$.

2. Die Funktion $\frac{x}{\log x}$ widerspiegelt zwar qualitativ richtig das Verhalten von $\pi(x)$, trotzdem liegt es nahe, nach besseren Approximationen zu fragen. Die Verhältnisse $\frac{x}{\log x - 1}$ und $\frac{x}{\log x - 1.08366}$ liefern eine besonders gute Approximation. Letztere wurde 1808 von Legendre gefunden.

3. Aehnliche Resultate erhält man mit dem Regressionsansatz. $\frac{x}{\log x - 1}$ als unabhängige Variable liefert:

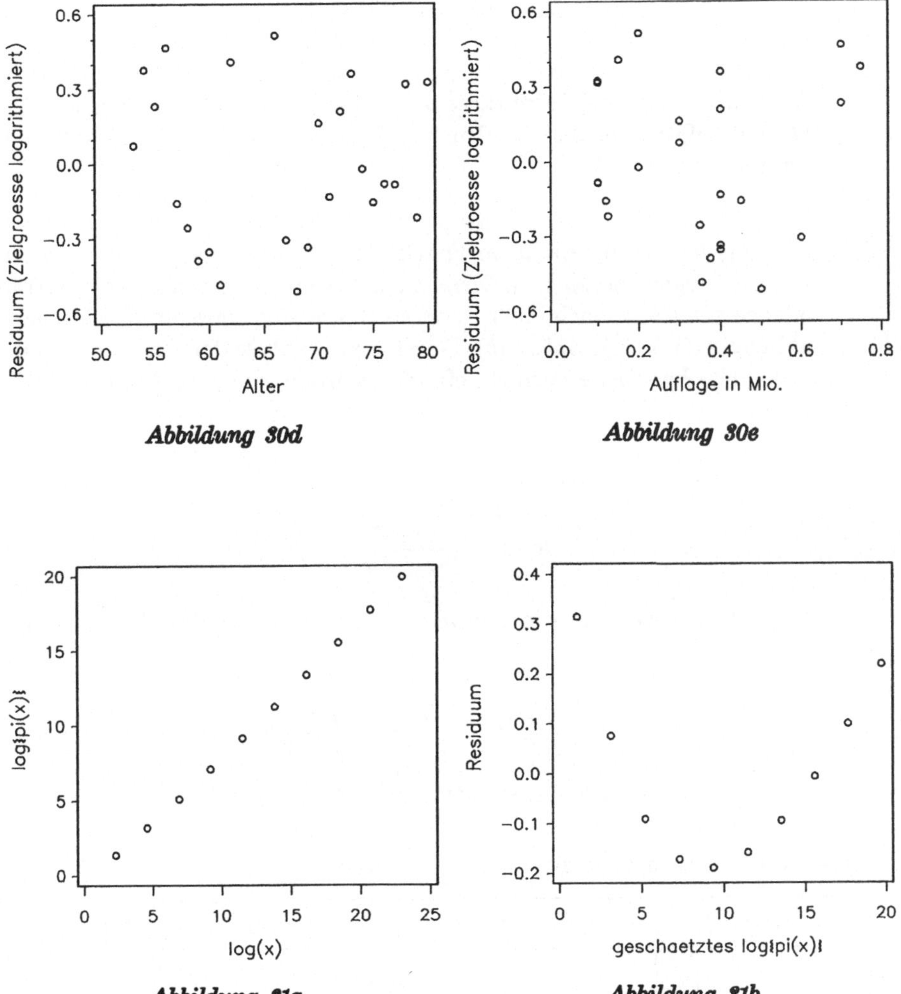

Abbildung 30d

Abbildung 30e

Abbildung 31a

Abbildung 31b

$$\pi(x) = \underset{(3370.2)}{4106.3} + \underset{(0.00002)}{1.0023} \frac{x}{\log x - 1}$$

Ein tiefer F–Wert von 1.48 (1,8 FG; 95%–Quantil: 5.32) bestätigt die Annahme, dass die Vereinfachung $\alpha = 0$ vorgenommen werden darf:

$$\pi(x) = \underset{(0.00002)}{1.0023} \frac{x}{\log x - 1}$$

Allerdings muss die Hypothese $H_0 : \beta = 1$ eindeutig verworfen werden ($F > 10\,000$), d.h. der Ausdruck $\frac{x}{\log x - 1}$ unterschätzt die Funktion $\pi(x)$ im untersuchten Bereich.

4. Um die Daten überhaupt graphisch sinnvoll darstellen zu können, ist eine log–log–Transformation angebracht. Wie aus *Abbildung 31a* zu sehen ist, liegen die so transformierten Daten nahezu auf einer Geraden. Jedoch zeigt sich nach einer linearen Regression, dass die Residuen stark abhängig sind (vgl. *Abb. 31b*). Durch eine Analyse der Residuen kann eine besonders handliche Formel gefunden werden, die gute Approximationen liefert:

$$\pi(x) = \cfrac{x}{\log x - \cfrac{\log x}{\log x - \cfrac{\log x}{\log x - \cdots}}} = x\left(\frac{1}{2} - \sqrt{\frac{1}{4} - \frac{1}{\log x}}\right)$$

Für sehr grosse x ist diese Funktion identisch mit dem logarithmischen Integral

$$li(x) = 1.045 + \int_2^x \frac{dt}{\log t},$$

das eine sehr gute Approximation zu $\pi(x)$ darstellt.

Zusammenstellung ausgewählter Resultate

x	¼(x)	$\frac{x}{\log(x)}$	$\frac{x}{\log x - 1}$	$x\left(\frac{1}{2} - \sqrt{\frac{1}{4} - \frac{1}{\log x}}\right)$	$li(x)$
10^2	25	21.7	27.7	31.9	30
10^3	168	144.8	169.3	175.6	178
10^4	1229	1085.7	1218.0	1239	1246
10^5	9592	8685.9	9512.1	9609	9630
10^6	78498	72382.4	78030.4	78553	78628
10^7	664579	620420.7	661459.0	664588	664918
10^8	5761455	5428681.0	5740303.8	5760516	5762209
10^9	50847534	48254942.4	50701542.4	50839608	50849235
10^{10}	455052511	434294481.9	454011971.3	454996680	455055615

32 Lösungsvorschlag zum Beispiel Volumen von Fichten

Das Punktediagramm *Abbildung 32a* ($x_i \hat{=} BHD, y_i \hat{=} Vol$) und der Residualplot *Abbildung 32b* (Residuen als Funktion der unabhängigen Variablen Vol) decken deutlich auf, dass ein linearer Ansatz hier nicht angebracht ist, denn zwei Voraussetzungen der einfachen linearen Regression sind augenfällig verletzt: erstens liegt der Mittelwert nicht auf einer Geraden, zweitens nimmt die Variabilität der Residuen mit wachsendem BHD zu. Nach einer log-log–Transformation ($x_i \hat{=} \log(BHD), y_i \hat{=} \log(Vol)$) kann aus dem Punktediagramm der transformierten Daten *Abbildung 32c* und dem dazugehörigen Residualplot *Abbildung 32d* geschlossen werden, dass die Voraussetzungen für eine einfache lineare Regression nun gegeben sind, denn die Punkte liegen annähernd auf einer Geraden, und die Residuen der transformierten Daten zeigen ein zufälligeres Muster als die Residuen der ursprünglichen Daten. Die Methode der kleinsten Quadrate liefert:

$$\begin{aligned} \log(Vol) &= \underset{(0.0879)}{3.3994} + \underset{(0.0760)}{2.6440}\log(BHD) \\ \iff Vol &= 29.946 \cdot BHD^{2.644} \end{aligned}$$

Die transformierte Regressionsbeziehung erlaubt auch folgende Interpretation:

$$\frac{d(Vol)}{Vol} = 2.6440 \frac{d(BHD)}{BHD}$$

Die relative Zunahme im Volumen ist mit dem Faktor 2.6440 proportional zu der relativen Zunahme im Brusthöhendurchmesser oder, genauer gesagt: erhöht sich der Brusthöhendurchmesser um p%, so wird das Baumvolumen mit dem Faktor $(1 + p/100)^{2.644}$ wachsen, was bei kleinem p nahe bei einer Zunahme des Volumens um $2.644 \cdot p\%$ liegt.

33 Lösungsvorschlag zum Beispiel Sekundenpendel

Die Methode der kleinsten Quadrate liefert:

$$Pendellänge = \underset{(0.0295)}{439.1058} + \underset{(0.0744)}{2.4897} sin^2(geogr.\ Breite)$$

Der dazugehörige Daten– *(Abb. 33a)* und Residualplot *(Abb. 33b)* zeigen keine Verletzung der Voraussetzung. Einzig fällt auf, dass die Beobachtung von Cap B. Sp. im Vergleich zu den andern Beobachtungen extrem erscheint. Es zeigt sich aber, dass eine Berechnung der Regressionsgerade ohne diese Beobachtung nicht wesentlich andere Koeffizienten liefert, jedoch die Standardabweichungen stark verkleinert.

$$Pendellänge = \underset{(0.0172)}{439.0910} + \underset{(0.0416)}{2.4823} sin^2(geogr.\ Breite)$$

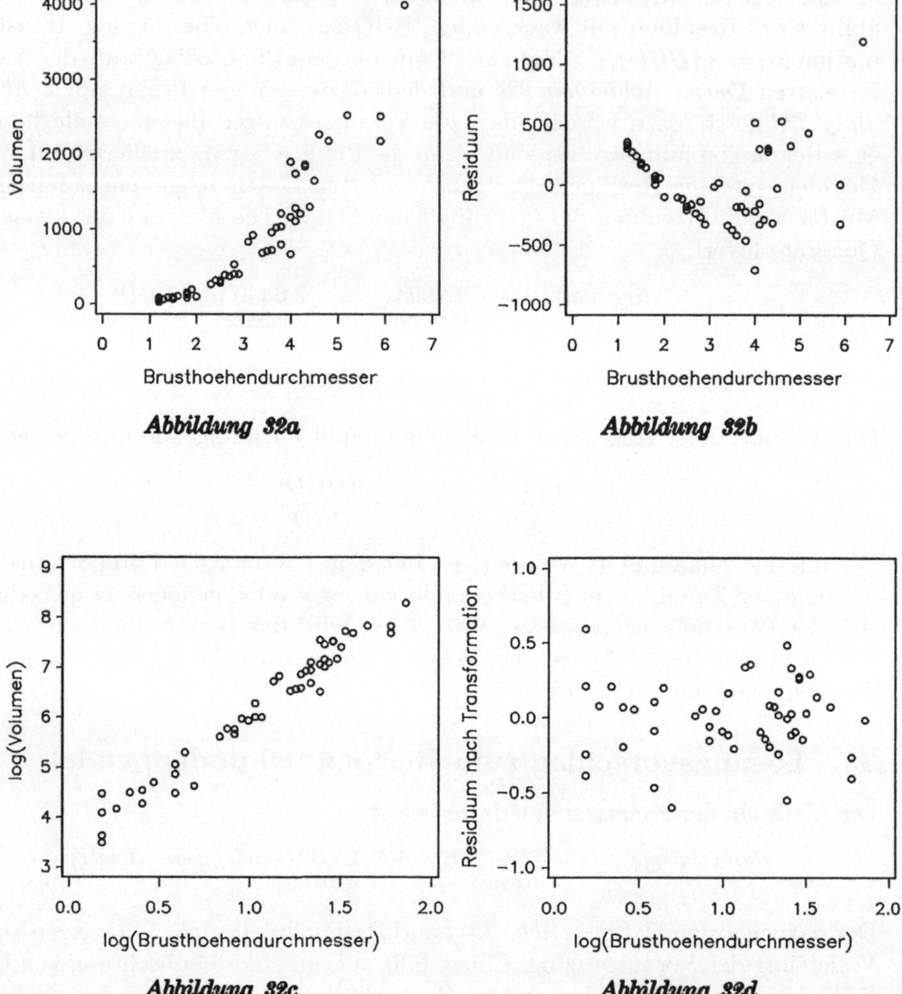

Abbildung 32a

Abbildung 32b

Abbildung 32c

Abbildung 32d

Lambert löste das Problem auf folgende Weise: Für die Darstellung von Daten verwendete er eine dem heute üblichen Datenplot verwandte Graphik. "[...] Wir haben hieren überhaupt zwo veränderliche Grössen x, y, welche durch die Beobachtungen mit einander verglichen werden, so dass man für jedes x, so wir als eine Abscisse ansehen können, die dazu gehörende Ordinate y bestimmt. Diese Ordinaten würden eben so viele Puncte geben, wodurch eine gerade oder krumme Linie sollte gezogen werden, wenn die Versuche oder Beobachtungen sämtlich vollkommen genau wären. Da aber dieses nicht ist, so weicht die Linie mehr oder minder davon ab. Sie muss demnach so gezogen werden, dass sie ihrer wahren Lage am nächsten komme, und zwischen dem gegebenen Puncten gleichsam wie Mitten durch gehe. [...] (Lambert erklärt vorerst sein Vorgehen anhand eines einfachen Beispiels mit 6 Werten:) Da man [...] keinen Grund hat, einem der Puncte A,b,c,d,e,f (vgl. *Abb. 33c*) einen Vorzug vor den andern zu geben, so ist offenbar, die Linie HI müsse so gezogen werden, dass diese Puncte auf der einen Seite so viel davon abweichen als auf der andern, oder dass die Summe der Abweichungen auf beyden Seiten einander gleich sey.[...] Um demnach die Linie HI nach eben diesen Gründen ziehen zu können, so theile man die Versuche in zwo gleich grosse Classen, indem man die ersten A,b,c und die letzten d,e,f besonders nimmt. Man suche für beyde ihrer Mittelpuncte der Schwere g, γ besonders, und ziehe die Linie HI durch dieselbe, so wird sie die verlangte Lage haben. [...] Um nun diese Methode auf Analytische Ausdrücke zu bringen, so nenne man, nachdem die Versuche in die zwo Classen getheilt worden, für die

	erste Class	zweyte Class
Anzahl der Versuche	n	N
Summe der Abscissen	p	P
Summe der Ordinanten	q	Q
mittlere Abscissen	$m = \frac{p}{n}$	$M = \frac{P}{N}$
mittlere Ordinaten	$r = \frac{q}{n}$	$R = \frac{Q}{N}$

[...] Ferner setze man $\frac{R-r}{M-m}m = k$ so wird $r - k$ anzeigen, um wie viel die erste Ordinate müsse vergrössert oder verkleinert werden, damit sie mit der Linie HI übereintreffe ($r - k$ bezeichnet also dem Achsenabschnitt). Endlich zeigt $\frac{R-r}{M-m}$ das Wachsthum der Ordinate für jede Abscisse= 1 an. (d.h. $\frac{R-r}{M-m}$ entspricht der Steigung der Geraden.) [...] Hieraus findet sich die Länge l desselben (des Pendels) für jede Polhöhe λ, $l = 439.087 + 2.559 sin^2(\lambda)$ [...]".

Denn mit den Werten aus der Tabelle wird:

n=5	N=6
p=2.78191	P=0.25285
q=2202.552	Q=2635.168
m=0.556382	M=0.0421417
r=440.5104	R=439.1947

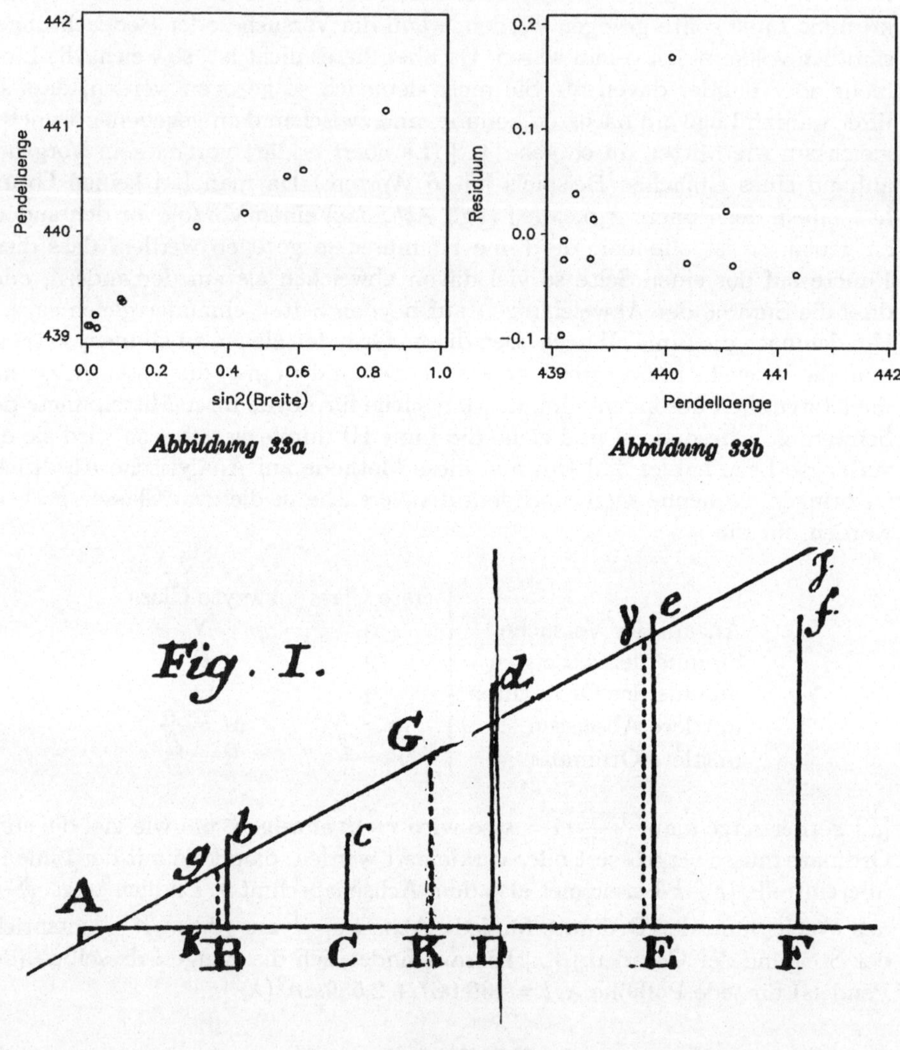

Abbildung 33a

Abbildung 33b

Abbildung 33c

Für den Steigungsparameter erhält man somit

$$\hat{\beta} = \frac{R - r}{M - m} = 2.5586 \quad ,$$

und für den Achsenabschnitt

$$\hat{\alpha} = r - k = r - \hat{\beta} \cdot m = 439.0868 \quad ,$$

was in beiden Fällen mit Lamberts Resultaten übereinstimmt. (Die Berechnung wie sie hier vorgestellt wurde unterscheidet sich in einigen Details von den Ausführungen im Originalwerk, an der Grundidee des Autors wurde allerdings nichts geändert.)

Lamberts Methode besteht also darin, die Punkte in zwei möglichst gleich grosse Gruppen zu teilen, von welchen er die beiden Schwerpunkte $(\bar{x}_1, \bar{y}_1)$ und $(\bar{x}_2, \bar{y}_2)$ berechnet. Die durch diese zwei Punkte verlaufende Gerade wählt er als Beschreibung für den Zusammenhang zwischen den x und den y.

34 Lösungsvorschlag zum Beispiel Benzinverbrauch in den USA

Zuerst kontrollieren wir, ob zwischen den verschiedenen Einflussfaktoren keine hohen Korrelationen vorhanden sind, welche die Parameterschätzungen unstabil machen. Wir finden folgende Korrelationskoeffizienten:

	Steuer	*Einkommen*	*Strassen*	*Ausweise*
Steuer	1.00	−0.05	−0.40	−0.34
Einkommen		1.00	−0.01	0.11
Strassen			1.00	−0.07
Ausweise				1.00

Die meisten Korrelationen sind kaum verschieden von Null, nur die Variable Steuer scheint mit der Länge des Bundesstrassennetzes und der relativen Anzahl der Fahrausweise zu korrelieren, allerdings bleiben auch hier die Korrelationskoeffizienten dem Betrage nach unter 0.5, so dass sie die Zuverlässigkeit der Auswertung durch Kollinearitäten in den Einflussgrössen nicht schwerwiegend beeinträchtigen werden sollte.

Wir stellen nun ein multiples Regressionsmodell auf gemäss

$$Benzinverbrauch_i = \alpha + \beta_1 Steuer_i + \beta_2 Einkommen_i + \beta_3 Strassen_i + \beta_4 Ausweise_i \ ,$$

wobei der Index i über alle 50 Bundesstaaten läuft. Wir wenden dabei das sogenannte Backward Elimination–Verfahren an, d.h. wir nehmen diejenige Va-

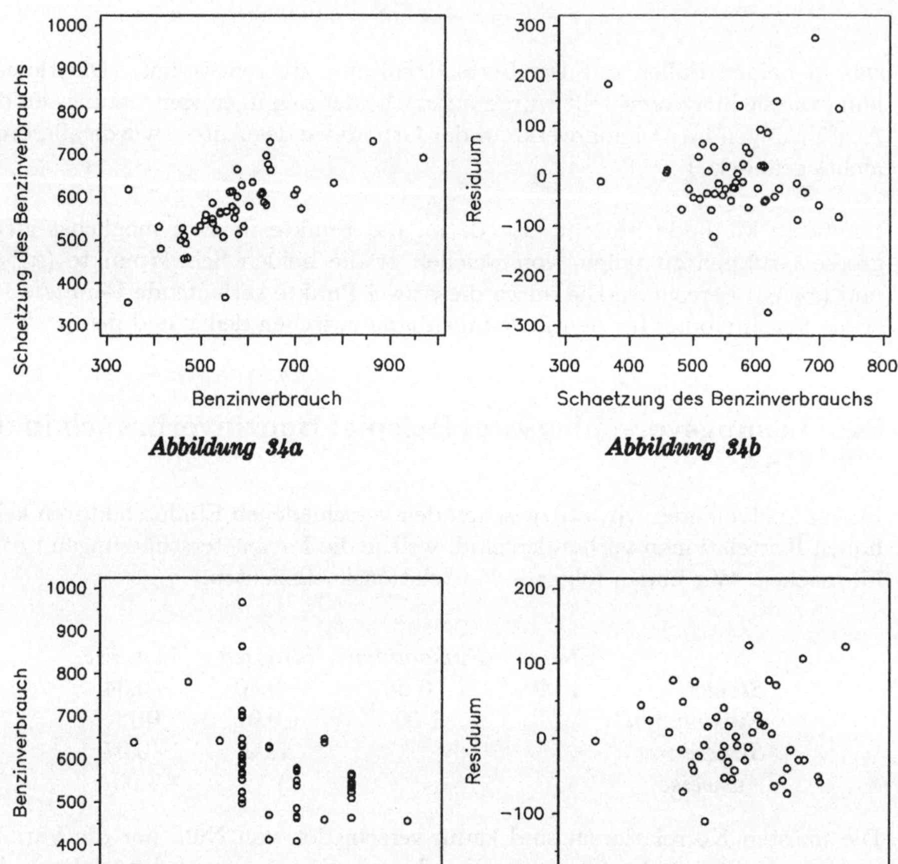

Abbildung 34a

Abbildung 34b

Abbildung 34c

Abbildung 34d

riable, deren p–Wert im Test auf $\beta_i = 0$ am grössten ist, aus dem Modell und suchen neue Schätzungen und Tests mit den übrigen Variablen. Dieser Schritt wird wiederholt, bis alle im Modell verbliebenen Steigungsparameter einen p–Wert kleiner als 5% aufweisen. Der Zweck dieses Verfahrens ist es, sich bei vielen Einflussfaktoren auf eine kleinere Anzahl aussagekräftiger Faktoren beschränken zu können.

Der erste Schritt ergibt folgende Resultate:

Parameter	Schätzung	Standard-abweichung	t für H_0: Parameter=0	p–Wert
α	235.53	228.06	1.033	0.3072
β_1	−8.171	14.597	−0.560	0.5784
β_2	−68.788	21.180	−3.248	0.0022
β_3	2.8679	3.9553	0.725	0.4722
β_4	11.886	2.338	5.084	0.0001

Alle t–Werte in der vierten Spalte sind mit den Quantilen der t–Verteilung mit 45 Freiheitsgraden zu vergleichen. Wegen der Symmetrie der t–Verteilung ist bei einem vorgegebenen Fehler erster Art von 5% analog zur Normalverteilung das 97.5%–Quantil massgebend: übersteigt der Absolutbetrag des t–Wertes denjenigen des Quantils, so muss die Nullhypothese verworfen werden. (Äquivalent kann auch ein F–Test mit einem Freiheitsgrad im Zähler und 45 im Nenner durchgeführt werden: es gilt die Beziehung $F_{1,n} = t_n^2$. Der F–Test erfolgt aber einseitig).
Die Variable *Steuer* wird mit dem höchsten p–Wert ausgeschieden, und wir finden in einem zweiten Schritt:

Parameter	Schätzung	Standard-abweichung	t für H_0: Parameter=0	p–Wert
α	137.79	145.60	0.946	0.3489
β_2	−68.675	21.021	−3.267	0.0021
β_3	3.8696	3.5009	1.105	0.2748
β_4	12.405	2.130	5.823	0.0001

Die Variable *Strasse* hat zwar nun einen etwas tieferen p–Wert, doch liegt dieser nach wie vor deutlich über der 5%–Schranke, also wird auch sie aus dem Modell genommen. Somit erhalten wir:

Parameter	Schätzung	Standard-abweichung	t für H_0: Parameter=0	p–Wert
α	168.24	143.31	1.174	0.2463
β_2	−68.702	21.070	−3.261	0.0021
β_4	12.240	2.130	5.747	0.0001

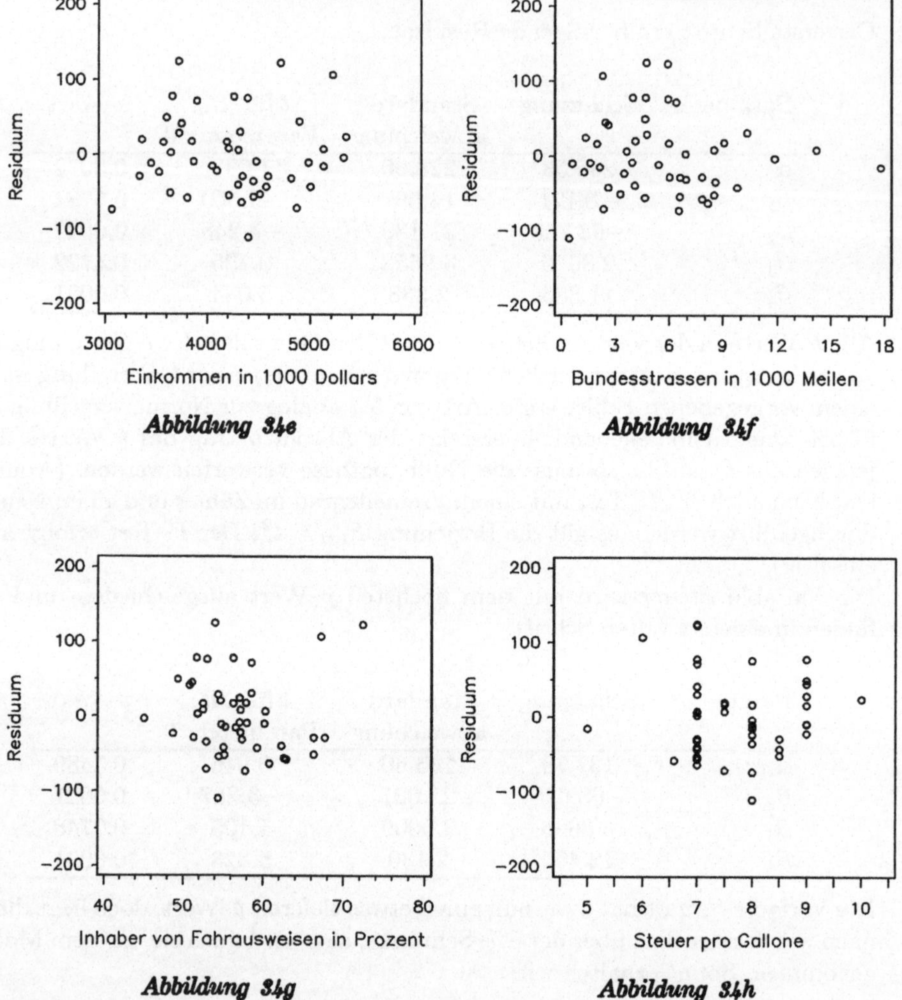

Abbildung 34e

Abbildung 34f

Abbildung 34g

Abbildung 34h

Wir haben also gefunden, dass sich das durchschnittliche Einkommen und der prozentuale Anteil der Bevölkerung, der einen Fahrausweis besitzt, von den vorhandenen Grössen am besten eignen, um den pro-Kopf Benzinverbrauch zu schätzen. Es bleibt allerdings zu überprüfen, ob die Residuen das in der Regressionsrechnung verlangte Verhalten aufweisen. *Abbildung 34a* vergleicht die Modellschätzungen aus dem reduzierten Modell (mit den zwei übriggebliebenen Einflussgrössen) für den Benzinverbrauch mit den effektiven Werten. Genaue Schätzungen entsprechen Punkten nahe der Diagonalen. *Abbildung 34b* zeigt die Residuen aus demselben Modell in Abhängigkeit der Schätzung der Zielgrösse *Benzinverbrauch*. Es fällt auf, dass einige extreme Werte vorhanden sind, wie sie in einer Normalverteilung nicht auftreten sollten. Es sind dies insbesondere die Residuen für die Staaten Hawaii ($r_i = -273.2$), Wyoming ($r_i = 275.7$) und Alaska ($r_i = 184.1$). Bei Hawaii und Alaska könnte man sich vorstellen, dass die ausserordentlichen klimatischen Bedingungen von Bedeutung sind, was sich auch durch den hohen negativen Wert des Residuums von Hawaii und den entsprechend positiven bei Alaska zu bestätigen scheint. In diesem Zusammenhang wäre es interessant zu untersuchen, ob sich eine Kovariable, die das Klima charakterisiert (z.B. die durchschnittliche Jahrestemperatur), als einflussreiche Zusatzinformation herausstellen würde. Bei Wyoming erscheint eine solche Erklärung weniger wahrscheinlich, denn die geographische Lage dieses Staats ist nicht grundsätzlich verschieden von derjenigen anderer Staaten.
Eine mögliche Art, der Frage nachzugehen, wie diese drei Staaten die oben gemachten Auswertungen beeinflussen, besteht darin, die ganze Rechnung nur mit den 47 übrigen Staaten durchzuführen. Die Regressionsanalyse mit Backward Elimination verläuft dann folgendermassen:

Parameter	Schätzung	Standard-abweichung	t für H_0: Parameter=0	p–Wert
α	430.97	154.78	2.784	0.0080
β_1	−31.360	10.814	−2.900	0.0059
β_2	−66.258	14.324	−4.626	0.0001
β_3	−1.3504	2.8290	−0.477	0.6356
β_4	11.737	1.640	7.157	0.0001

Die Variable *Strasse* wird mit einem p–Wert von 0.6356 eliminiert.

Parameter	Schätzung	Standard-abweichung	t für H_0: Parameter=0	p–Wert
α	392.79	131.31	2.991	0.0046
β_1	−28.396	8.775	−3.236	0.0023
β_2	−67.048	14.100	−4.755	0.0001
β_4	11.934	1.573	7.588	0.0001

Die Steuer bleibt also hier signifikant und so stellt sich die Frage nach der Ursache dieses Unterschieds zum Modell mit allen Staaten. Eine plausible

Erklärung liefert *Abbildung 34c*. Diese zeigt nämlich, dass generell eine Tendenz dazu besteht, dass in Staaten mit hoher Benzinsteuer der Verbrauch niedriger ist, dass aber Hawaii in dieser Beziehung die grosse Ausnahme ist. Dadurch wird die Regressionsebene in der Richtung der *Steuer*–Achse (x–Achse in *Abbildung 34c*) ziemlich flach und der entsprechende Parameter β_1 wird bedeutend kleiner als im Modell ohne den Staat Hawaii.

Zu einer vollständigen Analyse der Residuen gehören auch Plots der Residuen in Abhängigkeit aller Einflussgrössen bzw. der Schätzungen der Zielgrösse. Die Residuen sollten dabei ein zufälliges Muster aufweisen, es sollte also beispielsweise kein steigender oder fallender Trend auszumachen sein. In den *Abbildungen 34d* bis *34h* wurden diese Graphiken für das Modell mit 47 Staaten gezeichnet. Es sind keine eindeutig systematischen Muster zu erkennen.

35 Lösungsvorschlag zum Beispiel Lotto-Testziehungen

Hier liegt die Situation vor, dass wir den Einfluss einer quantitativen Kovariable, des Kugelgewichts x_i, und einer kategoriellen (qualitativen) Grösse, der Farbe der Kugeln, auf die Zielgrösse, der Ziehungshäufigkeit y_i, untersuchen müssen. Wir postulieren das Modell

$$y_i = \mu + \alpha_j + \beta x_i + e_i \ , \ \sum_{i=1}^{J} \alpha_i = 0, \ i = 1, \ldots, N \ ,$$

wobei das i-te Objekt zur j-ten Gruppe gehört und die e_i's unabhängig identisch $N(0, \sigma)$–verteilt sind. In unserem Beispiel sind $N = 45$ und $J = 5$. Alle Minimum–Quadrat–Schätzungen und Tests werden analog zu den bekannten varianzanalytischen Modellen anhand der Summenquadrate durchgeführt. Diese Art von linearen Modellen wird gelegentlich als Kovarianzanalyse bezeichnet.
Die Frage, ob das Kugelgewicht einen signifikanten Einfluss besitzt, testet man wie in der einfachen Regressionsanalyse mit der Nullhypothese $H_0 : \beta = 0$. Die Wirkung der Farbe wird mit dem Test H_0 :*alle* $\alpha_i = 0$ untersucht.

In den *Abbildungen 35a* und *35b* sind die Ziehungshäufigkeiten in Abhängigkeit von *Gewicht* beziehungsweise *Farbe* dargestellt. Die Voraussetzung von konstanter Variabilität scheint zwar nicht ganz erfüllt zu sein (*Abb. 35b*), es sind jedoch keine schwerwiegenden oder systematischen Abweichungen von dieser Forderung zu erkennen. Die Quadratwurzeltransformation, durch die Zähldaten manchmal in eine einigermassen normalverteilte Form gebracht werden können, bringt hier keine sichtbare Verbesserung (*Abb. 35c*). Also führen wir die oben erwähnten Tests ohne Transformation durch, müssen aber die Resultate mit Vorsicht geniessen. Zudem fällt auf, dass die Zahlen 1 und 13 viel weniger oft gezogen wurden als alle andern. Diese zwei Werte sind nur schwer verträglich

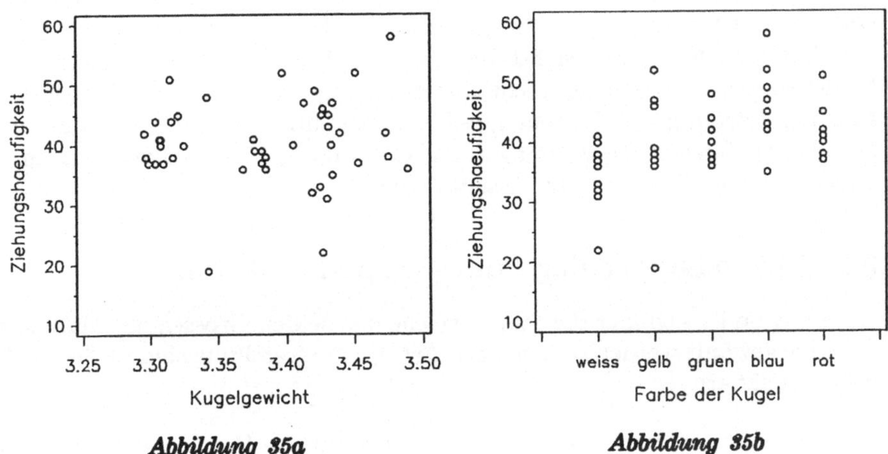

Abbildung 35a

Abbildung 35b

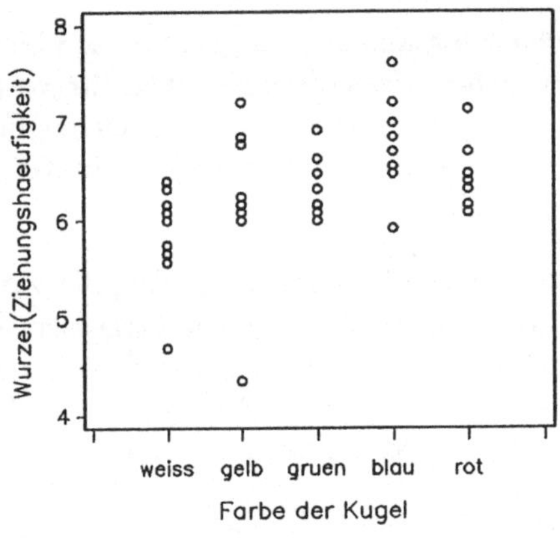

Abbildung 35c

mit der getroffenen Normalverteilungsannahme. Aus diesem Grund werden wir die Auswertung zweimal durchführen, zuerst mit sämtlichen Daten und dann unter Ausschluss dieser zwei Extremwerte.
Für den Test auf $H_0 : \beta = 0$ erhalten wir einen F–Wert von 2.48 (ohne Nr. 1 und 13: 1.13) bei einem und 39 (37) Freiheitsgraden, was unter dem 95%–Quantil von rund 4 liegt; es kann hier also keine Signifikanz nachgewiesen werden.
Der zweite Test hingegen, der den Einfluss der Farbe der Kugel prüft, liefert ein F von 4.10 (4.70) bei 4 und 39 (37) Freiheitsgraden oder einen p–Wert von 0.26% (0.36%), was selbst bei der vorliegenden leichten Verletzung der Modellvoraussetzungen als recht aussagekräftig angesehen werden darf. Die Idee der Färbung der Kugeln muss also neu überdacht werden, da gemäss den durchgeführten Testziehungen die Chancen, gezogen zu werden, für verschiedenfarbige Kugeln nicht dieselben sind.

36 Lösungsvorschlag zum Beispiel Auktion

Als erstes stellt sich hier die Frage, welche der beiden Grössen als unabhängige Variable gewählt werden soll. Je nach Art der Fragestellung sind beide Möglichkeiten denkbar:

- Ist man an der Frage interessiert, wie gut die Werke geschätzt wurden und betrachtet dabei den Zuschlagspreis als Indikator für den wahren Wert des Objektes, so wird man die Schätzung als unabhängige Variable setzen.

- Da die Auktionsteilnehmer die Schätzung aus den ausgehändigten Unterlagen kannten, kann man davon ausgehen, dass diese Kenntnis ihr Verhalten beim Bieten beeinflusst hat. Will man untersuchen, in welcher Form sie ihre Zahlungsbereitschaft nach dem geschätzten Wert richteten, so nimmt man den Zuschlagspreis als Zielgrösse.

Wir werden uns hier im folgenden auf den ersten Fall konzentrieren, der zweite kann auf ähnliche Weise bearbeitet werden. Es darf aber nicht vergessen werden, dass die beiden Ansätze im allgemeinen zu unterschiedlichen funktionalen Abhängigkeiten führen (es sei denn, die beiden Variablen besitzen einen Korrelationkoeffizienten von 1, dann liegen alle Punkte exakt auf der Regressionsgerade).

Wie wir in *Abbildung 36a* sehen, scheint durchaus eine lineare Beziehung vorhanden zu sein. Allerdings wächst die Streuung der Daten mit zunehmendem Zuschlagspreis, was heisst, dass eine Datentransformation notwendig ist. Eine Möglichkeit, wachsende Variabilität auszugleichen ist im Logarithmieren beider Variablen gegeben. Das Resultat dieser Datenumwandlung zeigt *Abbildung 36b*: Die Streuung erscheint jetzt entlang der Regressionsgeraden konstant, und

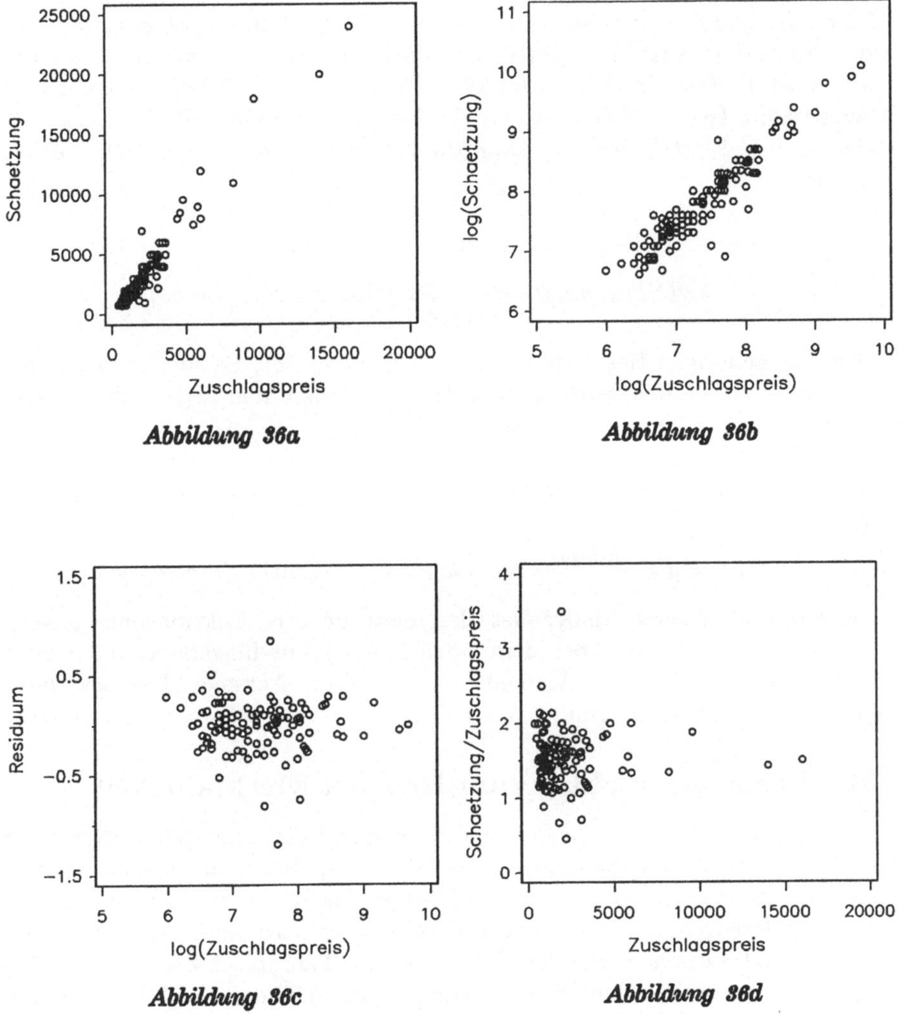

Abbildung 36a

Abbildung 36b

Abbildung 36c

Abbildung 36d

die gute Linearitätseigenschaft aus der ersten Abbildung ist geblieben.

Wir setzen diesen Punkteschwarm in eine Regressionsgleichung um und erhalten dabei:

$$\log(\textit{Schätzung}) = \underset{(0.23593)}{0.65408} + \underset{(0.03192)}{0.96563} \cdot \log(\textit{Zuschlagspreis})\ .$$

Da der Steigungsparameter nahe bei 1 liegt, fragen wir uns, ob er gleich 1 gesetzt werden darf, was eine Modellvereinfachung bedeuten würde. Dazu führen wir einen F–Test durch und finden $F(\beta \neq 1) = 1.159$ bei 1 resp. 118 Freiheitsgraden. Dieser Wert ist zu vergleichen mit dem Quantil $F_{1,118;95\%} = 3.92$. Da unser F–Wert kleiner ist, kann die Hypothese $H_0 : \beta = 1$ nicht verworfen werden.

Somit lautet unsere Regression jetzt:

$$\log(\textit{Schätzung}) = \underset{(0.02364)}{0.40133} + \log(\textit{Zuschlagspreis})\ .$$

Den dazugehörigen Residualplot zeigt *Abbildung 36c.* Es sind zwar einige Extremwerte vorhanden, doch da sie teils oben, teils unten liegen, dürften sie das Resultat nicht allzu sehr verfälschen.

Diese Beziehung kann nun auf die ursprünglichen Grössen zurückgeführt werden:

$$\textit{Schätzung} = e^{0.40133} \cdot \textit{Zuschlagspreis} = 1.494 \cdot \textit{Zuschlagspreis}\ .$$

Das Resultat unserer Analyse ist also, dass die vom Auktionshaus angegebenen Schätzungen gegenüber dem tatsächlichen Zuschlagspreis um rund 50% zu hoch ausgefallen sind. Äquivalent dazu ist die Aussage, dass der Quotient $\frac{\textit{Schätzung}}{\textit{Zuschlagspreis}}$ im Mittel rund 1.5 beträgt. Dies ist in *Abbildung 36d* illustriert.

37 Lösungsvorschlag zum Beispiel Merkfähigkeit

In *Abb. 37a* sind die Differenzen in Abhängigkeit der Therapie illustriert. Zwar sind bei allen drei Behandlungen die Werte im Intervall zwischen 0 und 10 verteilt, doch scheint bei der ersten Gruppe das Schwergewicht eher bei geringeren Differenzen zu liegen. Diese Erscheinung wird durch die Gruppenmittelwerte unterstrichen. Für die Patienten von Therapie 1 beträgt die mittlere Verbesserung im Test 3.67 Punkte, für die zweite Therapie 6.9 Punkte und für die dritte Gruppe 5.25 Punkte.

Wir nehmen an, unsere Beobachtungen seien normalverteilt und testen die Hypothese gleicher Mittelwerte:

$$H_0 : \mu_1 = \mu_2 = \mu_3\ .$$

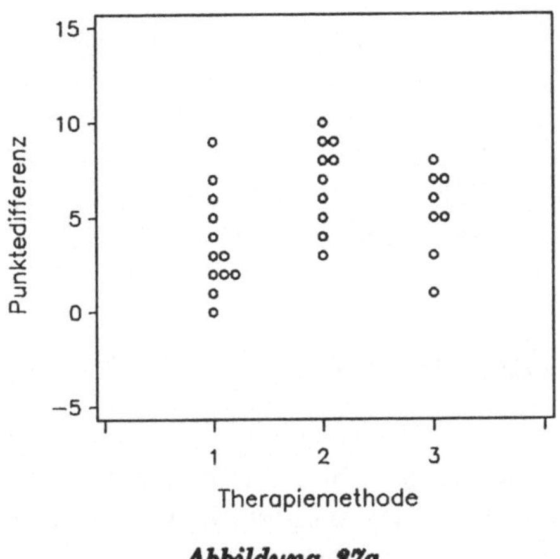

Abbildung 37a

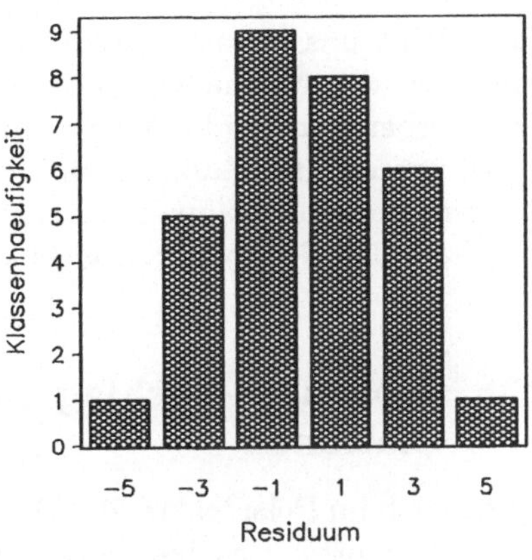

Abbildung 37b

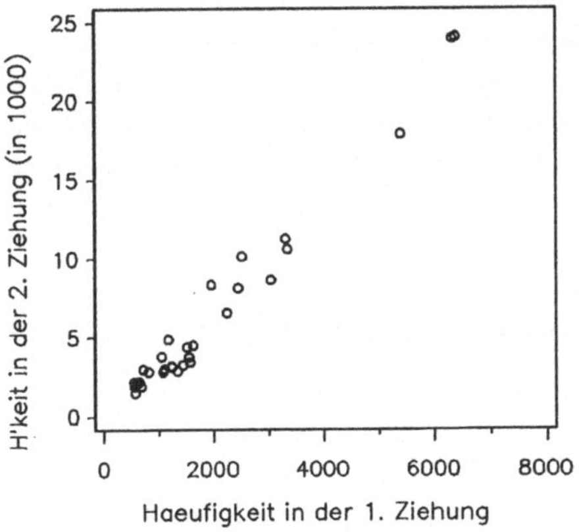

Abbildung 38a

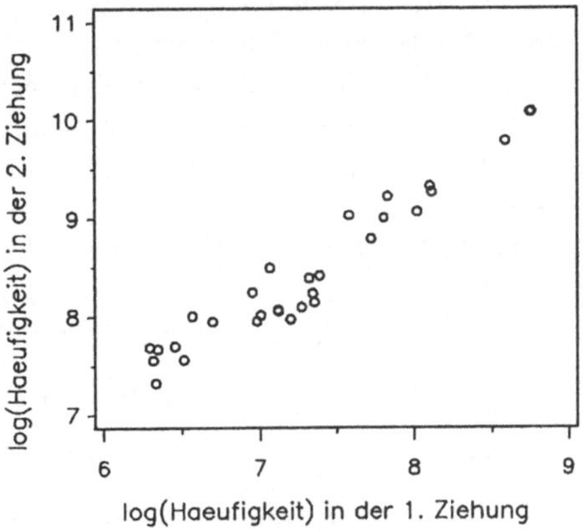

Abbildung 38b

Die resultierende F–Testgrösse besitzt 2 bzw. 27 Freiheitsgrade und nimmt den Wert 4.73 an, der somit über der 5%–Sicherheitsschwelle von 3.35 liegt. Wir müssen also annehmen, dass die drei Mittelwerte nicht alle gleich sind. Ausschlaggebend für die Verwerfung der Hypothese dürfte nach den Überlegungen von oben die erste Gruppe sein, deren Therapie weniger erfolgversprechend scheint.

Es bleibt uns noch zu überprüfen, ob die dem Test zugrundeliegenden Annahmen der Normalverteilung der Residuen und der konstaten Variabilität vertretbar sind (andernfalls wäre der eben durchgeführte Test verfälscht). Das Histogramm der Residuen in *Abbildung 37b* lässt keine grobe Verletzung der Normalverteilungsannahme vermuten, und dass die Standardabweichungen innerhalb der Gruppen von gleicher Grössenordnung sind, ist in *Abbildung 37a* erkennbar.

38 Lösungsvorschlag zum Beispiel häufige Zahlenkombinationen

Wie auch im Beispiel Nr. 20 "Häufigkeiten der gewählten Zahlen beim Schweizer Zahlenlotto" ist hier keine Richtung der Regression eindeutig vorgegeben. In solchen Situationen ist eine orthogonale Regression angebracht. Im oben angesprochenen Beispiel wurde beschrieben, wie man mit Hilfe eines Computerprogramms für Hauptkomponenetenanlyse die Gleichung der orthogonalen Regressionsgeraden bestimmt.
Bevor man jedoch zur Ausrechnung schreitet, scheint eine Logarithmustransformation beider Variablen sinnvoll: wie man durch Vergleich der *Abbildungen 38a* und *38b* feststellt, verteilen sich die logarithmierten Daten gleichmässiger um eine Gerade. Aus den Abbildungen lässt sich ablesen, dass ein beliebter Tip in 06/90 auch schon vor 3 Jahren eine bevorzugte Kombination darstellte. Es scheint, dass gewisse Kombinationen ihre Beliebtheit nie verlieren. So werden z.B. Zeilen, Spalten, Reihen und Diagonalen bevorzugt angekreuzt.

Als orthogonale Regressionsgerade findet man die Beziehung

$$\log(\textit{Tiphäufigkeit } 6/90) = 0.7403 + 1.0553 \log(\textit{Tiphäufigkeit } 10/87).$$

Zurücktransformiert entspricht dies der Gleichung

$$\textit{Tiphäufigkeit } 6/90 = 2.0973 \cdot (\textit{Tiphäufigkeit } 10/87)^{1.0553}.$$

Interessant ist nun die Frage, ob ein Modell mit proportionalen Tiphäufigkeiten eine starke Zunahme des Summenquadrats zur Folge hat. Dies entspricht nach dem Logarithmieren einer geraden mit Steigung 1. Man findet als Summenquadrat $S_{min} = 0.5671$ und als minimales Summenquadrat bei Steigung 1 $S^0_{Min} = 0.5897$. Die Zunahme beträgt knapp 4%, ob dies signifikant ist können wir mit den uns zur Verfügung stehenden Mitteln nicht sagen.

39 Lösungsvorschlag zum Beispiel Blutdruck

Da wir bei mehr als einer unabhängigen Variablen die Linearität nicht mit einer Graphik überprüfen können, nehmen wir vorerst an, es liege eine Linearitätsbeziehung der Form

$$Zeit = \alpha + \beta \cdot Dosis + \gamma \cdot Druck$$

vor. Die aus der Ausrechnung resultierenden Residuen können wir sodann auf Normalverteilung und Unabhängigkeit von den Regressoren untersuchen.
Die geschätzte Regressionsgerade lautet

$$Zeit = \underset{(20.1)}{62.7} + \underset{(0.0203)}{0.0607} \cdot Dosis - \underset{(0.320)}{0.726} \cdot Druck \ ,$$

den zugehörigen QQ–Plot zur Beurteilung der Normalität der Residuen zeigt *Abbildung 39a*. Bei Vorliegen einer Normalverteilung müssten die Punkte einigermassen auf einer Geraden liegen. Es ist gut ersichtlich, dass es sich hier um eine schiefe Verteilung mit (für eine Normalverteilung) zu grossen positiven Werten handelt. Somit müssen wir nach einem anderen Modell suchen, das die Daten treffender zu beschreiben vermag.
Dabei gehen wir von folgender Überlegung aus: Sind sowohl die unabhängigen Variablen x_1 und x_2 als auch die Zielgrösse y normalverteilt, so sind es die Residuen $e = y - x_1 - x_2$ als Linearkombination davon gezwungenermassen auch. Wenn es uns also gelingt, die Verteilung der Grössen x_1, x_2 und y durch geeignete Transformationen einer Normalverteilung anzunähern, so ist auch eine bessere Erfüllung der Normalitätsvoraussetzung der Residuen zu erwarten. Es stellt sich heraus, dass die Variable *Druck* keine allzu grobe Abweichung von einer Normalverteilung aufweist (vgl. QQ–Plot *Abb. 39b*), währenddem die asymmetrisch verteilten Variablen *Dosis* und *Zeit* durch eine Logarithmustransformation einer Normalverteilung angenähert werden können (QQ–Plots in *Abb. 39c* und *39d*). Dies führt uns zur Geradengleichung

$$\log(Zeit) = \underset{(0.798)}{3.091} + \underset{(0.130)}{0.371} \cdot \log(Dosis) - \underset{(0.0131)}{0.0287} \cdot Druck \ .$$

Der QQ–Plot der Residuen (*Abb. 39e*) sieht jetzt tatsächlich viel besser aus. Da die Residuen weder von den beiden Regressoren noch von der Schätzung der Zielgrösse augenfällige Abhängigkeiten aufweisen (*Abbildungen 39f–39h*), können wir unser Modell als gültig betrachten.

Nun wollen wir noch überprüfen, ob die Grössen Dosis und Druck signifikanten Einfluss auf die Erholungszeit der Patienten besitzen. Dazu testen wir im Modell

$$\log(Zeit) = \alpha + \beta \cdot \log(Dosis) + \gamma \cdot Druck$$

die beiden linearen Restriktionen $H_0 : \beta = 0$ bzw. $H_0 : \gamma = 0$. Diese Tests liefern uns zwei F–Werte mit jeweils einem und 50 Freiheitsgraden von 8.18

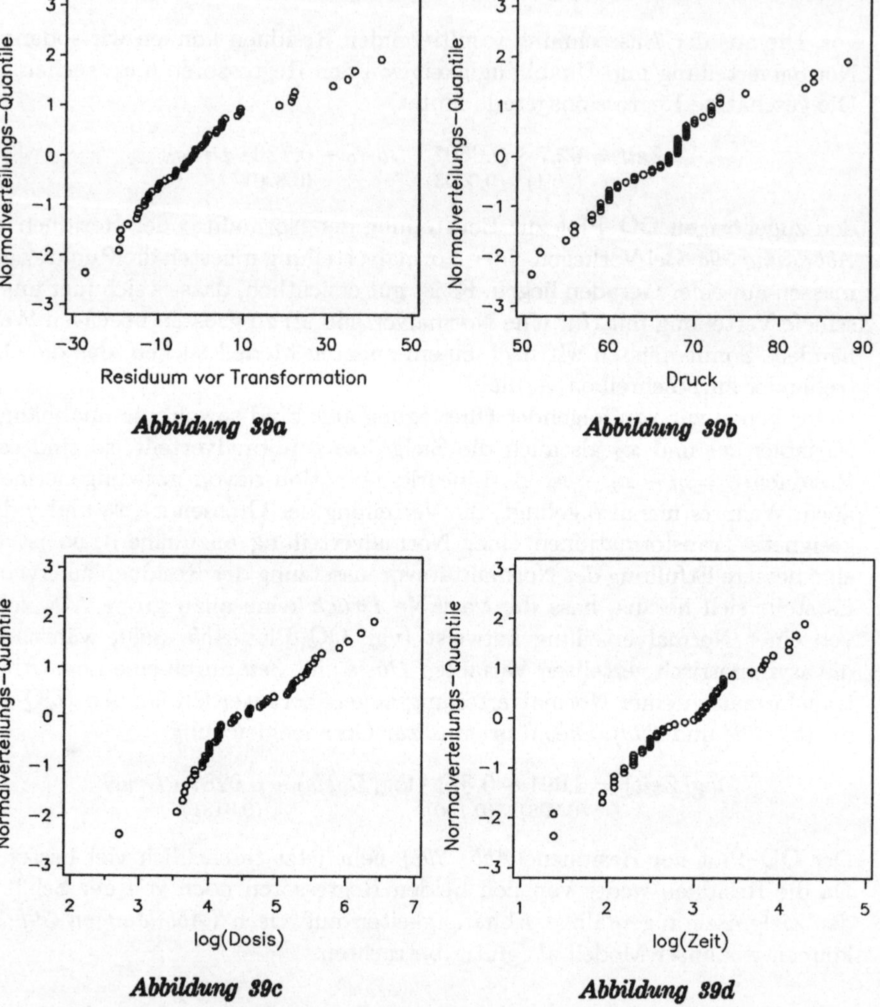

Abbildung 39a

Abbildung 39b

Abbildung 39c

Abbildung 39d

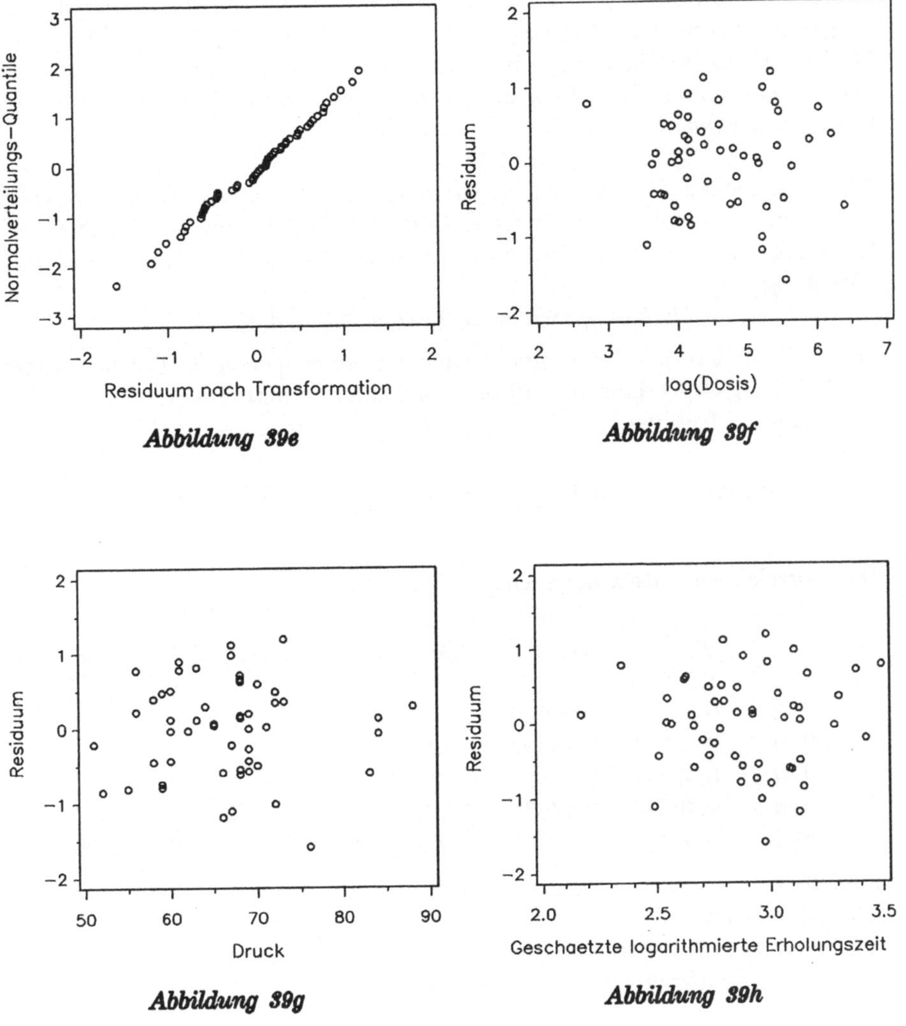

Abbildung 39e

Abbildung 39f

Abbildung 39g

Abbildung 39h

bzw. 4.75. Ein Vergleich mit dem 95%–Quantil von 4.04 führt zur Ablehnung beider Hypothesen, somit ist keine Modellvereinfachung angebracht.

Es fällt auf, dass die beiden unabhängigen Variablen zwar einen eher geringen Teil der Streuung der abhängigen Variablen zu erklären vermögen (das Bestimmtheitsmass beträgt nur 0.154), die beiden Regressoren bei einem Signifikanzniveau von 5% zur Bestimmung der Erholungszeit trotzdem von Bedeutung sind . Dieses Resultat mag nicht der Intuition entsprechen, doch sind die Modellvoraussetzungen sehr gut erfüllt, wie wir in *Abbildung 39e, 39f, 39g* und *39h* gesehen haben. Es gibt also keinen Grund, an der Richtigkeit der obigen Resultate zu zweifeln.

Zusammenfassend können wir festhalten, dass eine starke Dosis des Medikaments einen positiven und ein hoher Blutdruck einen negativen Einfluss auf die Erholungszeit haben. Der Zusammenhang der drei Grössen lässt sich durch die Gleichung

$$Erholungszeit = 22.0 \cdot Dosis^{0.371} \cdot 0.972^{Druck}$$

beschreiben. Obwohl Dosis und Druck nur einen geringen Teil der Streuung der Erholungszeit erklären, sind beide bei einer Sicherheitsschwelle von 5% von signifikantem Einfluss.

40 Lösungsvorschlag zum Beispiel Weltcupabfahrt Chamonix

Die Korrelationsmatrix der sechs Zeiten sieht folgendermassen aus:

	Teil 1	*Teil 2*	*Teil 3*	*Teil 4*	*Teil 5*	*Teil 6*
Teil 1	1.00000					
Teil 2	0.81455	1.00000				
Teil 3	0.78611	0.76402	1.00000			
Teil 4	0.52786	0.54527	0.82949	1.00000		
Teil 5	0.40543	0.47838	0.57279	0.58450	1.00000	
Teil 6	0.31627	0.41287	0.36390	0.36557	0.42011	1.00000

Es fällt sofort auf, dass ausschliesslich positive Korrelationen auftreten, die alle im Bereich zwischen 0.31 und 0.83 liegen. Ausserdem erkennt man, dass die Zeiten benachbarter Teilstücke tendenziell stärker korrelieren als bei weiter voneinander entfernt liegenden Abschnitten.

Zur Bestimmung der drei Faktoren wählen wir die Methode der Hauptkomponenten, anschliessend führen wir eine Orthogonalrotation der Faktoren anhand der Varimax–Methode durch.
Die drei ersten Hauptkomponenten (*HK*) haben folgende Eigenschaften:

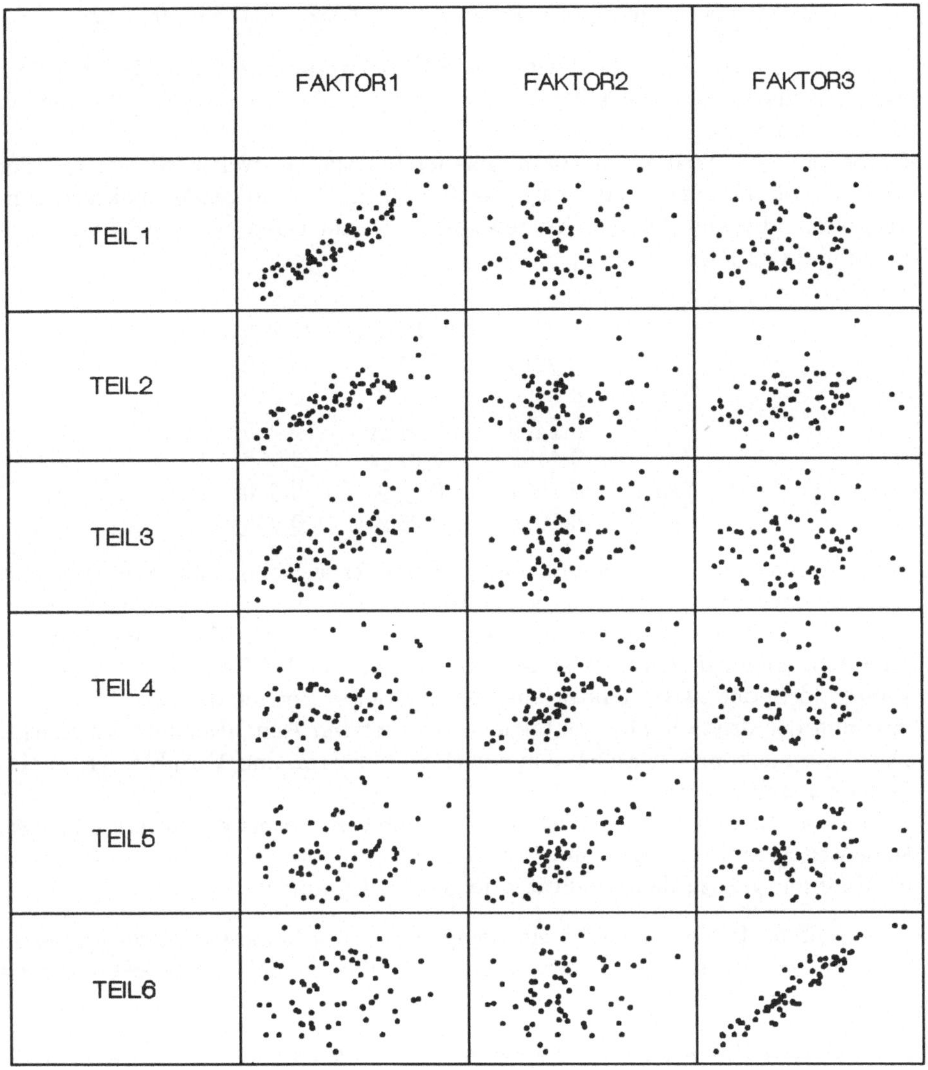

	FAKTOR1	FAKTOR2	FAKTOR3
TEIL1			
TEIL2			
TEIL3			
TEIL4			
TEIL5			
TEIL6			

Abbildung 40a

	1. HK	*2. HK*	*3. HK*
zugehöriger Eigenwert	3.7993	0.8440	0.6664
Anteil an der Gesamtvarianz	0.6332	0.1407	0.1111
kumulativer Anteil an der Varianz	0.6332	0.7739	0.8849

Wir können also mit drei Faktoren über 88% der gesamten Varianz beschreiben, wobei in der unrotierten Lösung allein der erste Faktor 63% der Varianz zu erklären vermag.
Bevor wir die einzelnen Faktoren genauer betrachten, wollen wir sie mit der Varimax–Methode rotieren. Dieses Verfahren führt zu folgenden Faktorladungen, welche bekanntlich den Korrelationen zwischen den ursprünglichen Variablen und den Faktoren entsprechen:

	1. Faktor	*2. Faktor*	*3. Faktor*
Teil 1	0.9213	0.2146	0.1124
Teil 2	0.8650	0.2559	0.2498
Teil 3	0.7306	0.6154	0.0755
Teil 4	0.4162	0.8117	0.0681
Teil 5	0.1501	0.8246	0.3106
Teil 6	0.1878	0.2049	0.9461

Wir haben also nun drei unabhängig voneinander wirkende Faktoren ermittelt, welche die sechs ursprünglichen Variablen möglichst gut wiedergeben sollten. In der obigen Matrix sind die stärkeren Korrelationen unterstrichen. Diese Darstellung lässt erkennen, dass der erste Faktor die ersten drei Teilstücke beschreibt, währenddem der zweite Faktor eher den mittleren Bereich der Strecke wiedergibt und der dritte Faktor weitgehend dem letzten Rennabschnitt entspricht. Der Zusammenhang zwischen den einzelnen Faktoren und Variablen ist in *Abbildung 40a* illustriert.
An dieser Stelle der Analyse ist ohne genauere Kenntnis der Abfahrtsstrecke keine weitere Interpretation möglich. Sepp Caduff, der Cheftrainer der Schweizer Abfahrer, gab zu den Resultaten folgenden Kommentar ab:

- **Faktor 1:** Ab Anfang ist ein wenig Wind aufgekommen. Dieser wurde im oberen Teil immer stärker, so dass das Rennen fast abgebrochen werden musste.

- **Faktor 2:** Der ganze Zwischenteil war ein typisches Gleiterstück.

- **Faktor 3:** Der unterste Teil war mit Kunstdünger stark präpariert und wurde zu einer harten Eisunterlage.

Es scheint also, dass das Rennen durch die drei Faktoren

1. Wind im oberen Teil,

2. Gleitfähigkeit im mittleren Teil,

3. Gelingen des schwierigen, weil vereisten, Schlussabschnitts

entschieden wurde. Die Tatsache, dass die Windstärke im oberen Teil im Verlauf des Rennens zugenommen hat, bestätigt *Abb. 40b*: der erste Faktor, der hauptsächlich die Zeiten in den oberen Abschnitten beschreibt, nimmt bezüglich der Startfolge der Fahrer unübersehbar zu. Ein ähnlicher Trend ist bei den Faktoren 2 und 3 nicht auszumachen.

Man kann sich fragen, wie es um das Gewicht der drei Faktoren bei der Beschreibung der sechs ursprünglichen Teilzeiten steht. Wir wissen, dass die Tatsache, dass die drei Faktoren 88% der Gesamtvarianz erklären, durch die Rotation nicht tangiert wurde. Die Anteile der einzelnen Faktoren haben sich allerdings verändert und sehen nun folgendermassen aus:

	1. Faktor	*2. Faktor*	*3. Faktor*
Anteil an der Gesamtvarianz	0.3936	0.3118	0.1795
kumulativer Anteil an der Varianz	0.3936	0.7055	0.8849

Wir stellen fest, dass die Verteilung der Anteile der drei Faktoren an den beschriebenen 88% der Gesamtvariabilität nach der Rotation gleichmässiger ausfällt als vorher.

Eine andere Zerlegung der durch die Faktoren erklärbaren Gesamtvarianz besteht darin, von den ursprünglichen Variablen, den Zeiten der einzelnen Teilstücke also, anzugeben, welchen Anteil ihrer Varianzen die drei Faktoren zu erklären in der Lage sind. Diese Grössen werden oft als Kommunalitäten bezeichnet:

	Teil 1	*Teil 2*	*Teil 3*	*Teil 4*	*Teil 5*	*Teil 6*
Kommunalität	0.9075	0.8761	0.9182	0.8367	0.7990	0.9722

Von jeder Variablen werden somit durch die drei Faktoren mindestens 80% der Varianz erklärt.
Die Kommunalitäten summieren sich zu 5.31, was den erwähnten 88% der Gesamtvarianz von 6 entspricht (die Faktorenanalyse wurde ja auf der Korrelationsmatrix, also ausgehend von standardisierten Variablen, ausgeführt; somit ergibt sich für die Gesamtvarianz als Summe der Varianzen von 6 standardisierten Grössen: $6 \cdot 1 = 6$).

41 Lösungvorschlag zum Beispiel Banknoten

Wir machen vom Ansatz einer linearen Diskriminanzfunktion

$$Z(a_1, \ldots, a_6) = a_1 X_1 + a_2 X_2 + \ldots + a_6 X_6$$

Gebrauch, für welche die Standarddistanz

$$\frac{\bar{z}_E - \bar{z}_G}{s}$$

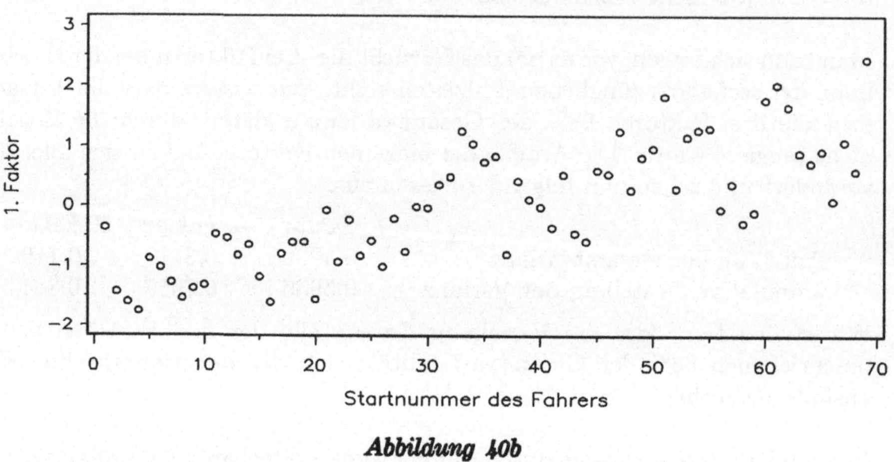

Abbildung 40b

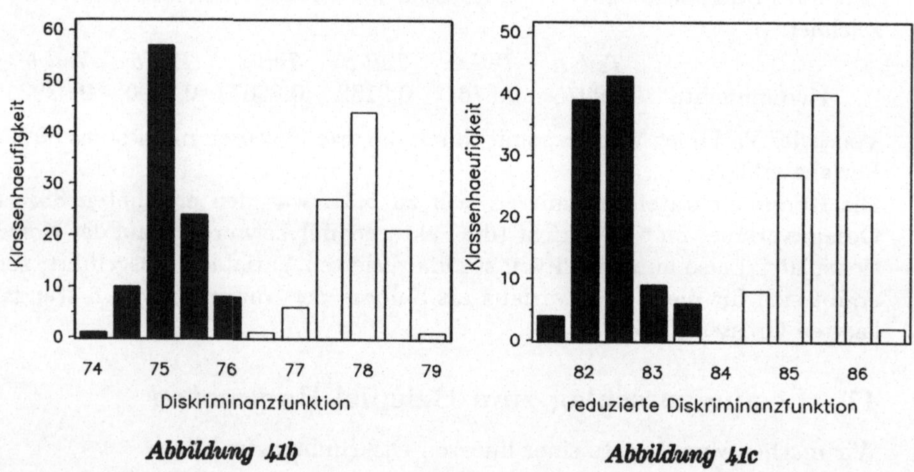

Abbildung 41b ***Abbildung 41c***

maximal sein soll. $\bar{z}_E$ bzw. $\bar{z}_G$ bezeichnen die Mittelwerte von Z für die echten bzw. gefälschten Noten, s steht für die gepoolte Standardabweichung,

$$s = \sqrt{\frac{(n_E - 1)s_E^2 + (n_G - 1)s_G^2}{n_E + n_G - 2}} ,$$

mit den empirischen Standardabweichungen s_E^2 und s_G^2 von Z innnerhalb der beiden Gruppen.

Als Lösung des vorliegenden Maximierungsproblems findet man die Diskriminanzfunktion

$$Z = 0.002X_1 + 0.327X_2 - 0.334X_3 - 0.439X_4 - 0.463X_5 + 0.612X_6 \ .$$

Jede lineare Transformation dieser Kombination ergibt dieselbe Standarddistanz von 6.95 zwischen den zwei Gruppen. Die Koeffizienten wurden hier derart normiert, dass die Summe ihrer Quadrate genau 1 ergibt.

Das Histogramm in *Abbildung 41b* (weiss: echte Noten, schwarz: Fälschungen) zeigt, dass die Diskriminanzfunktion die beiden Gruppen vollständig voneinander zu trennen vermag.

Man kann sich nun fragen, ob man mit einem Teil der Variablen $x_1, \ldots, x_6$ eine annähernd gleich gute Diskriminanz erreichen könnte. Zu diesem Zweck führen wir für jede der sechs Grössen einen F–Test durch, indem wir die Hypothesen

$$H_0 : \textit{der zu } x_i \textit{ gehörende Koeffizient} = 0 \quad (i = 1, \ldots, 6)$$

untersuchen. Jede dieser F–Testgrössen besitzt einen Freiheitsgrad im Zähler und 193 im Nenner.

	Variable	F
X_1	*Länge*	0.0005
X_2	*Höhe links*	6.43
X_3	*Höhe rechts*	8.08
X_4	*unterer Rand*	215.19
X_5	*oberer Rand*	84.43
X_6	*Diagonale*	189.57

Diese F–Werte sind mit dem entsprechenden 95%–Quantil von 3.9 zu vergleichen. Die Variable X_1, die Länge der Note also, stellt sich als redundant heraus.

Wir wiederholen die Diskriminanzanlyse von oben mit den fünf verbleibenden Variablen und finden

$$Z = 0.328X_2 - 0.333X_3 - 0.439X_4 - 0.463X_5 + 0.612X_6 \ .$$

Die Koeffizienten haben sich im Vergleich zu oben kaum verändert. Die F–Testgrössen lauten jetzt

	Variable	F
X_2	*Höhe links*	7.00
X_3	*Höhe rechts*	8.21
X_4	*unterer Rand*	223.92
X_5	*oberer Rand*	85.09
X_6	*Diagonale*	197.13

Die Standarddistanz zwischen den echten und den gefälschten Noten hat nur unwesentlich abgenommen und beträgt im reduzierten Modell gerundet nach wie vor 6.95. Da die F–Werte alle jenseits des 95%–Quantils von 3.9 liegen, müsste man streng genommen beim vorgegebenen Signifikanzniveau von 5% die Modellreduktion an dieser Stelle abbrechen. Rein explorativ jedoch kann man weiterfahren, indem man jeweils diejenige Variable mit dem kleinsten F eliminiert. Dabei orientiert man sich nicht mehr an den jeweiligen p–Werten, sondern beachtet vielmehr bei jedem Schritt die Veränderung der Standarddistanz.

Im nächsten Schritt wird also die Variable X_2, die Höhe der Noten am linken Bildrand, aus dem Modell genommen. Daraus ergibt sich nun, bei einer Standarddistanz von 6.81:

	Variable	F
X_3	*Höhe rechts*	2.31
X_4	*unterer Rand*	218.65
X_5	*oberer Rand*	82.77
X_6	*Diagonale*	184.69

Im nun folgenden Schritt wird die Höhe am rechten Bildrand eliminiert und wir finden:

	Variable	F
X_4	*unterer Rand*	258.23
X_5	*oberer Rand*	95.15
X_6	*Diagonale*	188.56

Die Standarddistanz beträgt nun 6.77, ist also immer noch in derselben Grössenordnung wie vorher. *Abbildung 41c* zeigt, dass die auf den drei übriggebliebenen Variablen basierende Diskriminanzfunktion

$$Z = -0.508X_4 - 0.541X_5 + 0.670X_6 \ .$$

die beiden Gruppen fast gleich gut zu trennen vermag wie diejenige mit allen Messgrössen. Nur eine Banknote würde man aufgrund der gemessenen Grössen falsch einordnen. Es handelt sich dabei um eine echte Note, die eher die Masse einer Fälschung besitzt.

Als nächste Variable fällt die Höhe des oberen Randes aus dem Modell:

	Variable	F
X_4	*unterer Rand*	122.35
X_6	*Diagonale*	476.72

Hier nimmt die Standarddistanz erstmals sprunghaft ab und fällt auf 5.44. Also brechen wir die Variablenelimination an dieser Stelle endgültig ab.

Zusammenfassend lässt sich sagen, dass man je nach Kriterium die Diskriminanzfunktion unterschiedlich reduzieren kann:

- Stützt man sich auf die Signifikanz der F–Tests, so stellt sich einzig die Länge der Banknoten als redundant heraus.
- Betrachtet man die Standarddistanz, so lassen sich zusätzlich die Variablen der Höhe am linken und rechten Bildrand eliminieren.

Die restlichen drei Messungen, die Höhe des oberen und unteren Bildrandes sowie die Diagonale des Bildes, bleiben in beiden Fällen im Modell enthalten.

Hinweis:
Eine Diskriminanzfunktion kann mit einem Programm der mehrfach linearen Regression berechnet werden: man wählt als Zielgrösse eine Variable Y, die je nach Gruppenzugehörigkeit zwei verschiedene Werte c_1 und c_2 annimmt. Die Einflussgrössen bleiben dieselben wie in der Diskriminanzanalyse. Aus der Regressionsgleichung

$$\mu_Y = \alpha + \beta_1 X_1 + \beta_2 x_2 + \ldots + \beta_p X_p$$

berechnet man die Diskriminanzfunktion als

$$Z = a_1 X_1 + a_2 X_2 + \ldots + a_p X_p$$

mit den Koeffizienten

$$a_i = \frac{\beta_i}{\sqrt{\sum_{j=1}^{p} \beta_j^2}} .$$

Dabei sind a_1 bis a_p derart normiert, dass die Summe ihrer Quadrate 1 beträgt. Der Test auf Redundanz der i-ten Einflussgrösse ergibt sich sodann als der F–Test im Regressionsansatz mit der Nullhypothese $H_0 : \beta_i = 0$. Das oben angewandte Eliminationsverfahren entspricht somit einer Backward–Elimination.